Spiritual Culture
青心文化

在阅读中疗愈 · 在疗愈中成长

READING&HEALING&GROWING

是谁触碰了你的情绪按钮

把好情绪留给最亲近的人

卢熠翎 / 著

中国青年出版社

目　录

推荐序

畅销书作家　张德芬

在自我成长这条路上，情绪的机制是每个人身心系统里最原始的配置，情绪是我们每天都必须面对的功课。

在本书中，卢熠翎老师认为，喜怒忧思悲恐惊，这七种情绪是最基础的情绪，而这七种情绪里，除了“喜”，其他六种都是负面情绪。

所以，如何与负面情绪和平相处，是内在成长的关键。

情绪的修炼过程，作者认为会经由“七重境界”：

第一、了解情绪和自我的关系；

第二、知道自己的情绪模式形成的原因；

第三、会觉察、关照自己的情绪；

第四、会释放情绪；

第五、会转化情绪；

第六、情绪模式变化、升级后的个人基础能量的变化；

第七、内在有力量、自信，能够运用各种情绪的平衡技术，收放自如，游刃有余。

情绪的本质是一种能量混合体，一种流经你内在的能量。我们需要在情绪升发之时就有觉察，在自己的想法、情绪即将要激发一些言语和行为时，能够及时打住，这是管理情绪非常重要的一步。

我经常跟大家说，有一种东西叫人生模式，如果一个感觉一直出现在你的生命当中，反复影响你，那个就是你的人生模式。

外在发生的一切，就像触动了内在的某个开关，让你重复进入到你的人生模式当中。当别人的行为把你的情绪勾出来了，其实不是别人的问题，是情绪把你内在的问题反映出来了。

所有负面情绪，都是我们内在的一个发生。

所以我们真正要做的，是回观自己，为自己的情绪负责。

在这本书中，有很多专业的情绪平衡练习，大家可以对照练习，让你在每天的修习中，释放、转化情绪，逐渐提升自己的情绪修炼境界。

希望大家能够与情绪更自在平和地相处，让自己的人生越过越幸福。

理论篇

第一章
最熟悉的陌生人

情绪，对每个人来说，看上去都是再熟悉不过的事。

从出生时的呱呱坠地，到看电视剧时候的哈哈大笑、悲伤流泪，工作时候感觉到的压力，想到未来不确定性时候的压力，开车出门有人加塞时的生气大骂，做噩梦时候害怕地大叫……当我们进入亲密关系时遇到的喜怒哀乐，甚至我们迷恋于烟酒、性、他人对我们的评价和赞美，沉迷于网络游戏、刷朋友圈和抖音不能自拔，这些都是情绪机制在运作导致的。

我们每天都在经历情绪，以至于对它太过熟悉，熟悉得我们都不太去质疑，我的情绪是如何产生的，是否合理，如何修正。比如网上有个段子很好地描绘了每个辅导孩子作业的母亲是处在怎样不可控的情绪里，以至虽然知道要好好对孩子，但还是忍不住气急败坏：

晚上十点多，从楼上传来一个女人的咆哮声："什么关系？啊？什么关系？！说！到底什么关系？"

我那颗八卦的心疯狂地跳跃起来，趴到窗户上支起耳朵认真地听着下文……

女人继续气愤地喊道："互为相反数啊！……"

我默默地关上了窗户……

从定义上来说，情绪是一种综合了人的各种感觉、思想、行为的心理和生理状态的反应，简单说就是七情六欲。七情是"喜怒忧思悲恐惊"，是高兴、愤怒、忧虑、焦虑、悲伤、恐惧、惊讶；欲就是我们内在的各种欲求、渴求。当欲求、渴求被满足，人就会开心，当欲求、渴求不被满足，负面情绪就会升起。所以，欲求、渴求和情绪是连在一起的。

但是，在喜怒忧思悲恐惊这七种基础情绪中，只有第一种情绪"喜"是正向的、能让人体验到愉悦的，其他的六种都是偏负向的情绪。也就是说，人的情绪机制中，本来就倾向于产生负向情绪，因此，想要在生活中找到快乐，更加需要学习和智慧。我们后续会详细地进行介绍。

人为何越长大越难有好情绪

让我们回想一下：当我们还是孩子的时候，我们会因为一点点好玩的事情而感到开心。无论是玩泥巴、跳水坑，只要是能出门玩，晚上能晚点上床睡觉，就是快乐的。对孩子而言，只要能体会这个世界，他们就觉得好玩。孩子们只要一出门，你会发现他对任何事物都充满了好奇和喜悦，有研究显示，儿童每天大约笑400次，成年人每天大约只笑15次。这难道是因为孩子的心智发育不全，在傻乐吗？并不是的。对孩子们而言，欲望比较少，期待比较少，压力比较少，所以能更多地活在当下，因此更加能够体会到快乐。

但是，当我们慢慢长大，你会发现，快乐变得越来越难了。现在大家要快乐，需要看肥皂剧，需要听音乐会，或者跑到很远的地方长途旅行，但是，你感受到的快乐可能还不如当年玩皮筋、玩泥巴的快乐强烈。更麻烦的是，之前能够让你产生快乐的那些因素也已经慢慢地消退了；曾经让你觉得满意的房子，好像也没有那么大了；曾经让你觉得不错的收入和职位，现在也有了更高的目标；甚至曾经你觉得有了他/她就会幸福快乐一辈子的想法，似乎和现实并没有什么关联……

为什么好的情绪随着一个人年龄的增加慢慢变少了呢？因为情绪很有意思，产生好情绪需要满足所有的条件，而坏情绪只需要触发任何一个条件。当你是孩子的时候，你关心的事情很少，你只关心什么东西好玩儿，什么东西好吃，有没有吃饱；但是当你成年之后，你就开始关心你的事业、工作、房子、婚姻、孩子、健康，等等。

所以，虽然你身体健康，但是有可能婚姻不顺心，情绪就不好。或者你的身体很好，婚姻也很好，但是孩子学习不努力，你也会很焦虑。再或者你什么都好，可是事业遇到了天花板。这些都会让你产生负面情绪。

更加令人苦恼的是，这个所谓的“好”，其实是个动态的标准。有可能你觉得你一切都很好，自己很满意，但是自从参加了一次同学会，或者看了同事、邻居的生活以后，突然发现自己的生活真的是太不怎么样了！于是，快乐便开始消退了。

拥有好情绪之所以困难，是因为它总是要满足所有的条件才可以，但凡任意一个条件不满足，抑或念头跑到自己的人生短板上，抑郁、悲伤就会升起。所以，坏情绪是那么容易激发。在所有的这些条件里，无论你已拥有了多少，只要你发现哪里还不足够，哪里还不如别人，哪里还缺乏，哪里还在受委屈，哪里还没有得到别人认同，只要你把自己的意识聚焦到这些领域，坏情绪就会升起。

有很多人认为，当自己拥有足够多的物质、地位、关系，情绪就应该体会到长久稳定的愉悦了。但是，一个外在成功的人拥有的内在幸福度，不一定比一个普通人更多，甚至相反。你拥有的越多，你可能失去的也越多，有的时候，情绪反而变得更差了。

有个故事叫作隔屋抛金，是这么说的：

一个财主的隔壁住着一对穷人夫妇。一日，财主的妻子很嫉妒地对财主说，隔壁那么穷，怎么天天有说有笑，过得那么开心，而我们这么富有，天天却闷闷不乐，这是怎么回事？财主说，这有何难，说着就把一个金元宝隔着墙扔进了穷人的院子。穷人夫妇无意中发现了那个金元宝后，隔壁院子就再也没有了欢声笑语，总是小心翼翼沉默寡言，再也没有了过去的那种快乐……

情绪、快乐的体验、幸福，本质上是头脑的一种生物化学反应。情绪的机制极其原始和古老，如果我们不了解情绪的机制，不能掌控情绪，就会被自发的古老生物程序所控制。

因为它存在于你人生所有的关系里：

● 有的人一谈正事或者去陌生的家庭拜访就会紧张，担心别人怎么看自己，和别人相处的时候经常会揣测别人的想法：他是怎么看我的？他会不会不喜欢我？我这句话说得对不对？他们心中会升起许多念头和情绪。

■ 那么我们应该思考：这种情绪模式是如何生成的，如何才能松动和化解，我怎样才能在陌生人面前泰然自若？

● 在婚姻和亲密关系中，某人离开了你，你觉得很委屈；某人伤害了你，你觉得愤怒。这种委屈和愤怒始终没有办法消解，你对一个人的恨一直记挂着，你的某种委屈也就一直存在。

■那么我们应该思考：到底是我在有意识地恨一个人，还是我掉在了一个恨的情绪里？是我拥有憎恨，还是恨的情绪抓住了我？

●很多父母其实是非常爱孩子的，但是因为孩子的某些行为、表现，父母们总是没有办法控制好自己的情绪，他们会进入一种暴怒的状态，事后又很后悔。

■那么我们应该思考：我们是怎样一次又一次地掉在这种情绪模式里面的，如何有效建立新的行为？

●有的人遇到工作的压力、不被认同，就马上辞职换工作。

■那么我们应该思考：这种逃避和转移的模式，是不是在他人生的其他方面也在重复？

●有的人喜欢打牌、赌博、打游戏到不能自拔的程度。

■那么我们应该思考：到底是你在玩游戏，还是你在被游戏玩？让你上瘾的机制是怎样的，又该如何解除？

●有的人四五岁被猫狗惊吓过，过了几十年还是怕猫怕狗怕毛绒玩具。

■那么我们应该思考：为什么四五岁的时候的一个情绪印记，到现在仍然无法解开，我们的人生真的是自由的吗？

● 新年时我们做了很多人生的计划和规划，但是始终无法执行。我们想要健身，但能坚持的就是不停地办卡，坚持锻炼太困难了。我们想要瘦身减肥，看见食物就根本控制不住自己。我们想要获得好的结果，但是面对眼前的工作，总是无法静心，如坐针毡，不停地拖延，直到最后一刻。

■ 那么我们应该思考：我们如何降服自己的负面情绪，让自己的人生大目标能够实现，否则我们又何止是“输在了起跑线上”！

当我们还不了解情绪的时候，谈幸福和快乐其实都是没意义的，因为你就像是一个全自动编程的机器人而已。

有一次，在火车站看到一个男子在跟朋友聊天。他说他跟媳妇吵架的时候，基本上都是他先不说话，到了一定程度后，他就开始暴怒，把家里所有能摔的东西都摔一遍。

他讲的时候语气非常得意，好像这就是老爷们该干的事情。其实我真的很想告诉他，这不是老爷们儿该干的事情，你只是在重复你家庭里某个成员（有可能是父亲）的命运和情绪模式而已。这种在家庭中的暴力，大概率只是复制了他父亲的情绪模式，甚至他自己都未曾觉察到。

这种暴怒和发泄是在表达：我要毁掉我自己了，我要毁掉整个家庭了，我要通过不惜毁灭一切的方式来展示我的力量让你害怕……这种情绪只是一种惯性的威慑和破坏。但这种选择对家庭和自己没有任何好处，是最差的、最愚蠢的处理方式。可叹的是，当自己没有意识到情绪模式的来龙去脉时，你还会扬扬自得，自以为很霸气。

《道德经》曾经说过“知人者智，自知者明”，自知之明四个字听上去容易，其实要搞明白自己，真的没有那么简单。

我们也经常见到某人被伤害过以后，会一直抱着恨意。表面上看这个恨没有问题，但是，是谁浸泡在这种恨的能量里呢？是谁受到恨的伤害呢？是你自己。

曾经经手过一个个案。父亲的重男轻女导致她童年被责骂忽视，印象最深的是，9 岁时，她被骂了，就傻瞪着眼看着父亲，从此以后，她不敢正视别人的目光，一对视就紧张。这其实就是通过冻僵的方法把被父亲责骂时候的恐惧给屏蔽起来。很多的爬行动物、哺乳动物都有这样的模式。她需要明白的是：父亲的话很粗鲁、很伤人，但我不需要这句话，我曾经用冻僵的方法保护自己，但是现在可以松动了，接着再去给那个 9 岁的孩子（幼时的自己）鼓励和安慰，不然，怯懦、自卑、僵住就会变成一种惯性。

情绪的惯性很多时候被我们自己美其名曰：这是我的性格，这是我的个性，我这个人就是这样的。这说明你还是没有搞明白，那不是你的性格，只是你的一种情绪反应模式，是一种神经的编程而已。这种模式并不是天生的、不能改的，它是可以改变的。要改变这种模式需要花的时间并不长，比你练钢琴、吉他或者任何一样乐器、才艺所花的时间其实都要少。但是这种模式在我们过往的教育体制、课程中很少涉及。我们之所以没有学会，是因为我们不知道而已，我们便在人世间受苦，拿自己当试验品来尝试。

有的人领悟力高，多吃些苦他就会转过来；但也有很多人吃了一辈子的苦也转不过来。甚至，有的人意识到自己各种各样的问题后，也拒绝改变。他会说我为什么要改呢？改了以后那不就不是我了吗？他们对“自我”的执着程度高，以至于超过了想要快乐的程度，以为那个被编程的模式就是完全真实的自己。

其实，这些都不是个性，都只是一种神经记忆的编程和锁结：情绪并不是单独发生的，它和认知、身体、荷尔蒙、信念打包在一起，相互影响，是一种混合体。因此情绪模式和头脑记忆、身体印记、潜意识捆绑在一起，很难消除，只是你把它当成了个性而已，其实应该正确地称呼为“被编程后的情绪模式”。

那么，如果是严重的负面印记（模式），我们就称之为

“创伤”（Trauma）。我们都曾努力忘记过去的不愉快，但是大脑和身体却从未忘记。一个微小的诱发信号（比如和创伤事件中类似的声音、气味、人的语音语调、某些词语甚至天气……），就可能唤醒曾经的情绪、身体紧张、低落的未来预期、过度的行为反应。就如同去过医院的婴儿看见白大褂就会哇哇大哭一样。

我们为什么要拥有情绪平衡的能力？是因为我们想要让自己的人生更开心，更快乐，更成功，更有收获，更丰盛富足。所以情绪平衡的第一个原则就是，我们确信要去放下那些对自己过往的执着，我们确信自己是可以改变的。

当我们再去经历某一种情绪的时候，无论它是熟悉的，还是不熟悉的，我们都需要去留意一下，问问自己，我为什么是这个情绪？这个情绪的背后还有怎样的故事？我被这样的情绪控制困扰多久了？

情绪是祖先遗留给我们的不称手的工具

也许你没有仔细考虑过这个问题：对于高智商、高智慧的生物来讲，稳定的情绪应该是更好的、更有利的，那人为什么还会有情绪？

人工智能 AlphaGo 每天跟自己下 100 万盘棋，它不会感到焦虑也不会紧张，它所挑战的极限只是速度、存储量、算法而已。但是人不可以，人有大量的情绪，这种情绪会让他们在压力下产生不舒服的感觉。你让他自己跟自己下棋，他会觉得好无聊，好累，压力好大，好焦虑。看上去情绪并没有起到提升效率的作用。

而且，人类负面情绪的作用往往明显要大于正面的情绪。比如：

- 大家都喜欢在新年的第一天展望未来，写下那些热血沸腾的计划，然后上床睡觉，一起来又回到老样子。
- 我们想要在公司里表现好，获得老板的认可，但是我们带着对同事的意见、对老板的意见，并且这些情绪都挂在脸上，别人一眼就能看出来。
- 我们想要好好地看一本书，学点知识。但是，过了一会儿，无聊厌倦的感觉就会让我们去做点分心的事。
- 人需要花大量的时间用来娱乐、消遣、让自己感觉舒服愉悦，但其实此类很多活动并不能让自己的长期未来获益，甚至大幅度削弱了未来的自我福祉（因为时间被用完了，效率低下）。

对我们而言，这些情绪似乎并没有起到积极的作用。

那情绪为什么会被设计出来呢？我们为什么不能把自己调整成时刻保持正向情绪的样子呢？为什么在基本情绪里

面 6/7 都是负向的？是谁把我们的情绪设计成这个样子？这个情绪的设计在今天还有用吗，是最合适的吗？

我们要用一个更大的视野和时间的框架来看人类自己。

情绪的功能太原始了，最初的情绪并不是为了 21 世纪的人类而单独设计的，是为我们的祖先设计的。从进化论的角度看，我们的祖先是类人猿，更早的祖先是海洋当中的某些生物。对它们而言，情绪这种机制是非常重要、非常底层、非常原始的。

地球在 35 亿年前出现细菌，是最早出现的微生物，也是我们早期的祖先，细菌没有大脑的情感，但是有趋利避害的行为刺激模式。在 6 亿年前，进化出了海洋简单生物，有了神经系统。在 2 亿年前，进化出了哺乳动物。在 6000 万年前，进化出了灵长类动物。所有的哺乳动物、灵长类动物，包含鸟类都进化出了不同复杂度的情绪和情感功能。

由于进化是渐进的，一代代的迭代，所以就如同我们用的 Windows10 系统上有之前 Windows7、WindowsXP 的影子和很多类似的功能一样，比如 Windows 中的记事本功能、资源管理器功能基本是一致的，浏览器的功能也是类似的，只是有所升级，甚至 Windows 里都包含了最早期的 DOS 操作系统……到了 250 万年前，进入石器时代。在 20 万年前，进化出了智人，最聪明的猴子，他们和现代人类基本上是一致的——也就是说，我们现在用的大脑的操作系统里的硬件和软件基本上都是20万年前“开发”出来的版本（甚至这个版本里面的某些程序还是几百万年前开发的，但是我们却连一个打补丁的UPDATE键都找不到）。

生物演进的速度极其缓慢，通常用百万年为单位进行迭代，大自然这个程序员的版本更新速度真的太慢了。但是麻烦的是，到达智人这个物种以后，智人崛起，人类跃居食物链顶端，人类文明的进化速度（不是人类身体的进化速度）突然加速，进入了指数型的爆发阶段。要知道，人类从1万年前才由采集转向农耕，产生农业和畜牧业，5000年前才产生国家，大约500年前才有“科学革命”，工业革命到现在只有200年，互联网诞生至今才50年。

现在人类已经进入更加快速的社会进步阶段，我们登上了火星，开发了核武器，有了无人驾驶，有了大数据、人工智能。但是尴尬的是，我们的大脑并没有时间得到进化，还是20万年前那古老的基因，还是原来的“配方”。和文明的顺利升级相比，我们比旧时代的人更加受制于我们的情绪和情感。

换句话说，那就是：我们在一个高度现代的社会中，拥有一颗原始的“猴脑”。

因此，这颗古老版本的“猴脑”给我们带来了很多的快乐和痛苦，那么非常有必要让我们来看看，这个“猴脑”最初的情绪功能是做什么用的，这些情绪是给我们带来幸福、平和、快乐、积极向上的吗？很遗憾，好像大自然这个“程序员”最初的版本并不是这么设计的。

最初的情绪功能，尤其是那些负面情绪在当时其实是用来战斗和逃跑的。试想一下，如果一只猩猩在森林里遇到一只老虎或者恶狼，这个时候它需要的不是分析判断狼喜欢吃什么、不喜欢吃什么、它有没有吃饱，它需要的反应，要不就是扑上去战斗，要不就是赶紧逃跑。这个时候最适合的保护机制就是情绪。当愤怒的时候，猩猩会振臂捶打自己的胸口，释放出更多的肾上腺素，投入战斗状态，这时它的痛觉下降，嘶吼咆哮地威胁其他生物；或者升起恐惧，瞳孔收缩，血液大量涌向四肢，拔腿就跑。

那些良好的正向情绪，也是用来增加生存和繁衍的机会的。当看见异性动物时，它们会感觉非常愉悦，这让它们产生了良好的情绪，想要进行交配。找到食物的时候，吃饱了会感觉到舒适和安全。良好的情绪是一个指示剂，让这些动物增加某种生存繁衍的机会。

《未来简史》中说：

控制自主饮料机的算法，是通过机械齿轮和电路来运作的。控制人类的算法，则是通过感觉、情感和思想来运作的。所有的哺乳动物和鸟类（可能还包括一些爬行动物甚至鱼类），都由同样的算法掌控，所以不管是人类、狒狒还是猪，感觉恐惧的时候都会在类似的大脑区域产生类似的神经处理过程。因此，很可能可以推断，不管是人、狒狒还是猪，对于受到惊吓的体验都会十分相似。

而这些情绪的形成都和我们人类、猩猩、鸟类、蜥蜴等的大脑有关。

三重脑

1952 年，一位先驱科学家马克里恩把大脑的不同结构命名为三重脑，由我们的脑干、边缘系统和大脑新皮层组成。

1. 爬虫脑

脊椎最顶端连接大脑的地方是我们的脑干。它是爬虫脑，也叫安全脑，是人类祖先在 1 亿年以前最早形成的脑，并且这部分的功能现在还在运行。

“我才 20 岁，我的脑怎么会是 1 亿年前形成的？”其实这是说这部分脑干的机制跟我们 1 亿年前的祖先差不多，没有太大的进化。爬虫脑关系到生存跟安全，主要的功能就是下意识地逃跑、攻击、躲藏（就如同，你 2020 年的新版 Windows 系统里面带的 DOS 功能是比尔·盖茨在 1979 年开发的一样）。

一个人在你眼前不停地挥手，哪怕你知道他不会伤害你，但是你眼睛总是会紧闭、闪躲，因为那是掌管我们本能的爬虫脑在作祟，它不受你意识的控制。人类爬虫脑的功能跟乌龟、鳄鱼等动物的大脑本质上没有太大的差别，它不受意志控制，带有强迫性。这部分脑最主要的功能就是自我防卫、防备敌人。

同理，我们过马路的时候，突然有车辆冲过来，你会采取一些自我保护的动作。爬虫脑的演化也是为了生存，所以它控制了生命的一些基本功能，包括心跳、呼吸、喂食、繁衍、条件反射等。

但是，爬虫脑的功能是不包含情感的。许多人在游乐园喜欢玩跳楼机，玩蹦极，你体验到的恐惧和刺激大部分都来源于你的爬虫脑。当你跳下去的时候，思考消失了，剩下的只有本能的反应，肾上腺素激增。当然，当你受了足够多的训练，例如飞行员、跳伞运动员等，你的爬虫脑，或者本能的反应可以被关闭。

2. 情绪脑

第二部分脑叫作哺乳脑，也叫情绪脑，它是在500万年前演化形成的，起作用的是我们大脑的边缘系统，主管人类的情绪、感觉。

哺乳脑是主管情绪的脑，喜欢尊重、接受、爱、归属感。如果这些得不到满足的话，痛苦就会升起。情绪脑还包含了感觉、情绪、玩乐的欲望，也是母性的来源。所以哺乳动物会本能地关心照顾自己的后代，这是哺乳动物的一种本能。

情绪脑促使哺乳动物可以成功养育后代，成群、成家族地生活，情绪脑让生物从个体开始向群体化发展，可以实现更为复杂的系统功能。

当我们把一个人安排在单独的隔间里包吃包住，没有安全和温饱的威胁，只是让他跟重要的社会成员、人际关系隔绝，这叫什么？这就是监狱、坐牢，是一种痛苦的惩罚。这其实是在惩罚他们情绪脑的基本需求。

所以，有期徒刑让犯人们感觉到痛苦，并且愿意改过自新。但是，你用这种方法对待一些动物，它们可能体会不到和人类一样强烈的痛苦。

3. 新脑

第三个脑就是我们的新脑，也被称为思维智慧的脑，是在 250 万年前形成的。它负责认知、记忆、分析、解析、直觉、计算。

荣格曾经说，人从 3 岁起新脑才会发育，甚至 20 岁前都不能发育完全。也就是说，3 岁之前的这些情绪的部分，我们是没有理性地去分析的，我们也没有办法分析，因为我们的新脑还没有形成，所以我们没有办法过滤负面的情绪。

刚出生的孩子很难辨别自己的情绪，你跟他讲什么他就相信什么，因为这个时候他根本没有智慧，没有新脑的形成，自我都没有形成，他只能做到海绵般地吸收而已。

所以，越是小时候吸收的负面能量，长大后就越难清理，因为他吸收时脑的级别越低，产生这种本能的效用就越长。

这些信息在被灌输进去的时候，孩子年纪太小了，没有留下任何显性的意识的记忆，剩下的只有身体、神经留下的印记。

这三种脑的定义看起来有点复杂，但了解这些才能了解情绪到底是什么。

同时，这三个部分的大脑在工作的时候是有优先级别的。爬虫脑的优先级别最高，因为它最原始，它控制着我们身体的底层机能，安全感。而哺乳脑（情绪脑）的优先级次之，它控制着我们的情绪，当我们处于强烈的愤怒情绪之中时，我们会向那张讨厌的面孔挥舞拳头，不会去分析这样做是否合适以及会产生的后果。最会分析、最智慧的新脑的优先级是最低的，当爬虫脑或者哺乳脑处于高度运转之中的时候，新脑的活动会受到抑制，甚至停止。

因此无论你有多聪明，你的情绪一起来，理智就让路了。这也就是为什么在沟通中，我们总是强调要先处理情绪，再处理事情，因为情绪脑过度活跃的时候，道理就变得如此苍白和不可被接纳。

我们的大脑和情绪系统太原始了，最新的这部分也是在250万年前形成的，甚至还有1亿年前形成的。也就是说你大脑软件系统的一部分，有250万年没有升级了。大脑的硬件系统从20万年前的智人以后也没有升级了。你就如同一台从埃及金字塔里挖出来的没有升级更新过的电子管电脑，现在用起来当然不会太顺畅。

我们每天都在使用电脑，电脑也会时不时地提醒我们升级或者更新程序。我们人自己的大脑呢？我们的社会也在发展，我们人也在发展，但是脑部原始的这些机制是不升级的。我们用以前爬行动物、脊椎动物、哺乳动物和 20 万年前智人的这种大脑在应对我们现在复杂的社会，那么如何能够应对越来越多的痛苦情绪呢？

读到这里，如果下次你的先生 / 夫人跟你吵架、摔东西的时候，你就可以理解他了。人类的祖先是由猩猩演变而来的，猩猩也有不同的种群，比如红毛猩猩和苏门答腊猩猩就有着典型的、不同的性格。红毛猩猩就很暴躁，喜欢掌控，喜欢群居；但是苏门答腊猩猩喜欢独处，喜欢安静。所以你就可以更大程度地理解他 / 她：亲爱的，原来这是你原始的祖先的程序开始运行了。

当你自己的情绪上来的时候，可以告诉自己，这古老的情绪机制在我身上又起作用了。给自己足够的理由去观察情绪，去质疑它的合理性。对于我们自己的情绪，完全接受、无视抗拒、听之任之，都是错误的。

如果未来我们真的可以设计出人工智能的人类，应该不会给他们配置这样复杂的、负向的情绪系统。例如我们给 AlphaGo 设计一套情绪，让他的情绪系统跟人类一样。那么它可能自己跟自己下了两盘棋以后，就开始抱怨：“好累、好辛苦，为什么别的机器在休息，我在下棋呢？这样的话我是不是吃亏了？天哪，我被利用了，真是太生气了！”

因此，情绪是祖先遗留给我们的不称手的工具。我们要搞明白几个问题：

1. 情绪是一个工具、一个机器，情绪不是你的本质。

2. 情绪是原始的，通过生化方式调控的行为促进、抑制工具，但是相当的低效。看看我们可怕的效率、可怕的拖延懒惰，看看我们需要多少时间寻求刺激、娱乐，并且是重复性的、毫无建设性的刺激，你可能会有所体会。

3. 很多人不了解情绪，不会使用情绪，只是被情绪牵着鼻子走。比如，所有的电影、综艺、互联网、游戏都在消费你的情绪，所有的 App、游戏、节目都需要做精心的设计，不断地刺激你的脑垂体，让你舒适和上瘾。

4. 人类已经进入一个境地，那就是意志力越来越差，自我掌控力不断下降。相反，算法和机器越来越智能，我们越来越无法逃脱荷尔蒙的控制（酒精、药物、性、娱乐都是如此），包括大量的抑郁症，都是由于我们的神经系统已经达到一个相对不健康的程度，无法正常地运作。

情绪和荷尔蒙

那么大脑通过什么机制来调节情绪呢？答案就是：荷尔蒙。

大脑是人体这个生化工厂的核心指挥者，通过各种机制释放和回收荷尔蒙来产生情感、情绪反应。从某种角度讲，每一种情绪都是一种化学反应。

美国心理学家莫里博士指出，人们心情烦躁是因为身体梅拉多宁（褪黑素）的激素累积过多。如果情绪不好，那么清晨早点起床，可以使不良的情绪逐渐消失。因为梅拉多宁激素在夜间产生较多，清晨较少。

那么人们的冲动又是来自哪里呢？因为他们的大脑缺少一种激素，叫作 5- 羟色胺，这是一种负责监督行为的化学物质。缺少它的人更容易产生抑郁、冲动、攻击暴力等。女性大脑合成 5- 羟色胺的速度仅是男性的一半，所以女性更加情绪化。

人们为什么会感觉到快乐？因为我们的人体会分泌一种叫内啡肽的激素，这是一种让你感觉到快乐的荷尔蒙；人们为什么会感觉到上瘾、麻醉？也是因为内啡肽，让我们的身心处在一种轻松愉悦的状态当中。

人们为什么感觉到焦虑紧张？因为我们分泌的一种叫肾上腺素的荷尔蒙。

看到这里，你们可能很难理解这些激素是怎样在我们的日常生活当中起作用的。举个轻松简单的例子。

一对男女第一次见面的时候，如果他们很喜欢对方，此时这位男性的身体会分泌睾酮，女性会分泌雌激素。这种激素让他们彼此渴望持续下去直至陷入爱情。而陷入爱情后，他们的身体又会持续分泌多巴胺和血清素，多巴胺是在爱情当中最重要的物质，能让一个人处于疯狂状态。

在人的多巴胺急剧分泌的时候，根本看不见对方有什么缺点，想到他就很兴奋，想到他就很快乐。在这个时候你可千万不要想着去拆散对方，罗密欧跟朱丽叶、梁山伯和祝英台，可能都是在多巴胺分泌最高点的时候被人拆散的，直接导致他们轰轰烈烈地想要一起赴死。

其实聪明的人完全可以等到下面几个阶段，因为多巴胺带来的激情只是一种错觉，它让你以为爱是永久的，是狂热的，是可以永存的。

不幸的是，我们的身体不会持续地处于高兴奋的状态中。通常多巴胺会在六个月内慢慢消退，如果长的话也就到三年半。所以，你所沉迷的最初的激情也会慢慢消退直至平静。

疯狂购物也是一样。有的人到商店、上淘宝就拼命买东西，因为受到各种促销、限时、图片、实物的刺激，这个时候他们的多巴胺分泌指数最高，看到什么都很兴奋，什么都想买。但是，买来的东西很有可能会被束之高阁，因为这时候多巴胺已经消退了，他对这个东西已经不感兴趣了。

如果你想要说服某个人离开不适合他的情侣，怎么办呢？千万不要在他荷尔蒙最疯狂的时候去提这个要求，你只需要等待他们的多巴胺衰退，彼此变得平静了，再去进行劝说，成功率会大大提高。

有个有意思的口诀：男女相爱，肾上腺素决定出不出手，多巴胺决定天长地久，5- 羟色胺决定谁先开口。

两个人相遇，如果对一个人有好感，肾上腺素会大量分泌，兴奋度提高，人的胆子也会变大，表白的概率会大大提升。

多巴胺就是我们讲的快乐指数，它决定了你们的情感能持续多久。但是我们要注意，多巴胺不会持续分泌过长时间，这段激情迟早会消退。

5- 羟色胺影响自我情绪的控制力，5- 羟色胺低的人自我情绪控制力差，所以他更愿意表达自己的情绪感受。

所以，情绪跟我们的大脑结构有关，跟我们内在激素的分泌有关。如果撇开信念，不去谈论思维，就想想我们怎样去提升多巴胺，我们可以保持肌肤的接触，多去拥抱亲吻。如果你想让你的孩子感到快乐，就经常拥抱他，经常抚摸他，经常亲亲他，这样他会分泌多巴胺，会感觉到快乐。

除此之外，保持良好的期待，降低预期，自然会感觉到快乐。降低预期最好、最简单的方法就是感恩，当你每天去做感恩的时候，你会感觉到很快乐，你会感觉到你的预期降低，对身边所有的事物都很满意，这个时候你的多巴胺指数是上升的。这是最简单、也是最有效的一个方法。

同时还有一些东西可以促进多巴胺分泌，比如甜食、美食、烟酒、药物都可以促进多巴胺分泌。当然，这些食品、药品的滥用，也是上瘾症的成因之一。

药物成瘾、网络成瘾、行为成瘾，这些上瘾症的本质和原理相同，或是通过外界摄入化学物质，或者通过行为刺激大脑神经中枢的奖励系统，产生愉悦、刺激的荷尔蒙，让人欲罢不能，不断地想要重复。

有科学家曾经做过一个实验，把电路电极夹到试验小鼠的头部。这只老鼠只要去踩一块踏板，就能制造出兴奋的感觉。随后，科学家把食物跟踏板放在一起。按道理老鼠应该去吃东西，但是它踩下踏板获得的那种愉快的感觉，超过了吃东西的兴奋感。所以老鼠宁愿选择去踩踏板，也不选择吃东西，也不去交配。这个老鼠就一次一次地去踩踏板，频率可以达到6000次/小时，直到因为饥饿疲惫倒地不起。

一些游戏成瘾的孩子会通宵打游戏也是一样的道理。那些在网吧上网的孩子很少停下手中的游戏出去吃饭，就和上面的小鼠一样，有一个电路在他们的头部不停地刺激，释放那种让他愉悦的情绪。

现在你可以有点概念，什么叫你在用情绪，还是情绪在用你。

多巴胺机制就是我们大脑奖赏系统的核心。这些情绪原本是为了给我们的祖先增加生存机会的，有可能能够被脑部的反应所替代。每当我们有了一些身体、心理上成瘾的症状时，需要提醒一下自己，其实并不是“你”在玩游戏，并不是“你”想要去抽烟，并不是“你”想要喝酒，并不是“你”想要再去找一个伴侣，而是你的身体亟须再次收获类似的荷尔蒙，是你的身体在上瘾。你就像一个被动的机器，要不停地去喂养它的这种感觉。

让我们再看一个有意思的例子：

以色列巴伊兰大学的科学团队发现果蝇也会有性高潮和快感。这种特性同时在果蝇和人类中出现。科学家希望利用该研究结果来了解更广义上大脑对特定行为的奖赏机制，以及吸毒等行为可能造成的负面后果。

科学家发现激活果蝇腹部的“黑化诱导神经肽表达神经元”（corazonin-expressing neurons，简称 CRZ neurons）可以促使果蝇产生性快感。科学家们对 12 只雄性果蝇进行了基因改造，使它们的 CRZ 神经元能在红光下触发，而果蝇是看不到红光的。被改造的果蝇在有红光的房间里飞行，并随后在那里射精。而未经改造的果蝇则没有这种偏好。相比和雌性果蝇交配或者觅食，雄性果蝇仿佛发现“高科技”带来的愉悦已经超过了一切，一旦进入“红灯区”，雄性果蝇便“流连忘返”，可以纵欲到奄奄一息。

这些结果表明，奖赏机制是一种古老的机制，可能很早就演化出来，能帮助动物生存和繁衍。科学家说：“从果蝇到哺乳动物，最终到人类，这一机制都很好地保留着。”因此，或许这种奖赏机制最早是在果蝇和人类的一些共同祖先中演化出来的。

下次当你上瘾于某个事件而不能自拔的时候，去观想你就是那只疯狂踩踏板的老鼠，或者是在红光中的果蝇，有可能你会突然产生觉知，从原始的大脑程序中解脱出来。人们总认为快乐、愉悦是好的，但是在一个古老的情绪机制、奖赏系统的设置下，这种对快乐的短期、高频的刺激需求有可能带来长期的痛苦。

那么怎样提升 5- 羟色胺呢？也就是肌肤接触，拥抱按摩，还有一些有节奏的刺激，比如跳舞、呼吸、唱歌、散步、健身等带有节奏韵律的刺激，都可以提升 5- 羟色胺。所以一些老人很爱跳广场舞，也算是帮助他们改善情绪的一个方法。

晒太阳也可以帮助提升 5- 羟色胺。动物有很大一部分时间都在晒太阳、睡懒觉就是这个原因。

人们紧张的时候会分泌肾上腺素，怎么样能够降低这种让人紧张的物质呢？有的人选择吃东西、咀嚼、交谈，还可以喊叫、哭泣、运动，这些都可以释放这种焦虑紧张的激素。在情绪清理、情绪平衡中有个关键的步骤，就是释放情绪。释放跟发泄不是一个意思，发泄是激化你的情绪，越发泄情绪上升越严重。

例如，你本来有愤怒，但是你发泄完以后，会感觉到后悔，有可能下一次的时候你情绪更强烈，这叫作发泄。释放则是把积压的情绪清理掉，把它残存的荷尔蒙燃烧掉，把身体记忆也清理掉。释放的关键目的不是发泄，是要归于中心和平静。

【功课1：情绪稳定度量表】

情绪稳定度就是你情绪的自我管理水平。情绪稳定度量表里有很多维度，包括自我的抽离程度、和别人的关系、是否在意别人的评价、受别人外在评价的控制程度、内在的焦躁不安、自我否定程度、和系统之间的情绪关系，以及自我情绪的转化和解离的程度……我把这些维度抽取出来做了25个问题。

如何使用这张情绪度量表？

你需要针对这25个问题打分，共有2分、1分、0分三个分值。

例：量表的第一个题目是：脑海中总有很多自我对话和无法抑制的想法。如果你觉得自己是这样的，你可以给自己打2分。如果你想说："是啊，我有的时候是这样，但频次并不是很高。"那请你给自己打1分。如果你觉得自己从来不会这样，不会有这么多与自我的对话，也没有这种想法产生，就给自己打0分。

请凭借你的直觉打分，不需要刻意地打高或者打低，只凭着你的直觉去打。

它并不是一个需要仔细考虑的量表。打完分以后，给自己做一个汇总。

		总这样	有时候这样	不是这样	得分
1	脑海中有很多自我对话和无法抑制的想法	2	1	0	
2	习惯不停地揣测对方的想法和对自己的看法	2	1	0	
3	觉得自己总是哪里不够好；对自己很失望	2	1	0	
4	别人的言行经常会惹怒自己	2	1	0	
5	无法做自己喜欢做的事情	2	1	0	
6	很想要能够获得他人的认同	2	1	0	
7	别人对自己的言语和行为伤害会一直记得	2	1	0	
8	有很多事会让自己很害怕，比如想到失败 / 死亡 / 疾病	2	1	0	
9	对细节很在意，担心琐碎之事	2	1	0	
10	遇事或者想到什么容易紧张，焦躁不安	2	1	0	
11	想要做些事，但总是做不到	2	1	0	
12	觉得自己很肮脏，罪恶，内疚	2	1	0	
13	总是担心未来，担心发生不可控的事	2	1	0	

续表

		总这样	有时候这样	不是这样	得分
14	经常能够产生极其强烈的恐惧/愤怒/颤栗/无力等，如同面临生死般的情绪	2	1	0	
15	对自己的父母憎恨，埋怨的情绪一直放不下	2	1	0	
16	身体容易有各种的不适或者容易生病，抵抗力低	2	1	0	
17	情绪来了自己无法控制，容易情绪失控	2	1	0	
18	会陷在某些低落情绪里，很长的时间	2	1	0	
19	不喜欢做决定；做选择和决定是个很困难的事	2	1	0	
20	觉得总会有什么事发生，让自己无法拥有好的生活	2	1	0	
21	容易觉得自己很委屈，没有被别人理解和照顾	2	1	0	
22	压抑自己的情绪和想法，没法表达	2	1	0	
23	没有可以依靠和倾诉的人，没有理解自己的人	2	1	0	
24	父母是很情绪化的人	2	1	0	
25	对一些人始终无法原谅，总是时不时会想起	2	1	0	
	总分汇总				

【功课 2：身体情绪释放】

各种情绪存在于我们的身体、细胞、神经记忆中，清理情绪不能只用逻辑判断，还需要用一些方式帮助身体进行清理。

第一阶段：快速混乱地呼吸（10 分钟）

你可以闭上眼睛，站立，双膝微曲。握住你的拳头，放松肩膀，帮助你的身体打气。快速混乱地呼吸，让你的头脑进入过载的状态，足够快速地呼气，可以中断头脑的逻辑念头。

第二阶段：释放情绪（10 分钟）

允许自己把所有需要表达或释放的情绪扔出来，全然地进入那种释放当中。你可以大吼、哭泣、跳跃、手舞足蹈、唱歌，等等，全然地释放你自己，不需要有任何的压抑。你也可以不发声音地去完成上述的要求。

第三阶段：保持静默（10 分钟）

让自己放松，你也可以用抱枕，或者抱着自己，让自己感觉安全、放松。你需要回归到平静、平和的能量里面，就像你很疯狂地做了一次大扫除，做完大扫除以后再好好地休息一下。

引爆情绪的练习，每天可以定时做一次，定时清理你残存的情绪能量。

第二章
情绪平衡的修习次第

在上一章我们讲了情绪的古老机制。实际上，每个人各自情绪模式的形成来源于五大方面。

第一，通过我们的幼年经历形成的。

一个孩子出生了，从生物角度上来讲，是一个不断自我学习的有机体出生了。一个人出生以后，会去探索自我，建立和世界的关系。在我们成长的过程当中，我们该用怎样的行为方式、怎样的情绪，去帮助我们达成目标，达成自我保护？

针对这个问题，每一个个体形成了不一样的答案。有的孩子倾向于用发怒、生气、耍赖来控制家长；有的孩子倾向于用讨好来让自己获得认同；有的孩子在幼年的时候学会了自我贬低，他们会在心底认为自己是不好的，自己是笨拙的，自己是永远不会成功的……当他自我贬低的时候，他会感觉安全；有的孩子使用冻僵的保护策略，当他们犯了错误，只要僵在那里一动不动，自然有大人去帮他收拾；有的孩子小小年纪就知道，如果想要什么东西，就必须要去抢、去争夺……

所以，童年的经历是一段初始代码，它形成了我们在这个世界上的行为模式和行为上的策略准则。那么和这些策略、准则、行为方式所匹配的，就是我们个性化的情绪模式。

曾经在工作坊中有一个同学提问，他自己是很听话的孩子，在家里面排行最小，父母很宠爱他。但是他总觉得自己获得了太多的宠爱和关注，总觉得对不起自己的兄弟姐妹，所以在他很小的时候，他就学会了让渡掉自己的利益，把本属于自己的东西分给他的兄弟姐妹，这种方式使他在心里面获得平衡。

但是他的过度谦让，兄弟姐妹并不领情。一些兄弟觉得他虚伪的同时，也会逼迫他让渡更大的利益。当他们索取无度的时候，这位同学委屈、愤怒的情绪会逐渐升起。

这种情绪模式其实是在他的幼年形成的。因为在这样的状态底下他的生存是最安全的。一方面兄弟姐妹不会对他有太多的意见，另一方面他也可以照旧获得父母的爱，这本身就是一种生存的策略而已。

我们童年所形成的生存策略，帮助我们获取当时的最佳利益。但是当我们逐渐长大，这种策略还是最有效的策略、行为方式吗？不一定。

人的情绪模式会成为一种本能的神经反应，它的级别等级是原始的，但是它反应的优先级是很高的，会旁路掉理性的决策。所以，对于一个在童年就已经形成了的策略，有可能到了四五十岁，他还是会通过这样的方式去行动。哪怕你知道了这种情绪和行为方式不好，但有可能还是控制不住。因为你神经反应的优先级比较高，而大脑反应的优先级比较低。

第二，从亲人的身上无意识地习得。

从父母身上，我们可以看到很多自己的行为方式、情绪模式。这些行为会跟我们的父母非常像，甚至包括说话的口吻、发脾气的方式、抱怨伴侣的行为、面对事物的态度等。

因为人是一种智能体，是一种生物，随时随地都在学习。而他学习的来源无非就是自己的经历和周边人的反应模式，所以我们会学习到父母的情绪和行为模式。

人类拥有一群被称为“镜像神经元”的神经细胞，让我们无意识地对身边的人进行模仿：

意大利科学家在 20 世纪 90 年代无意间发现了所谓的镜像神经元。为了监看神经回路活跃时的脑部，他们在猴子的脑中植入了电极。当猴子伸手拿坚果时，与移动手臂和握紧手指有关的神经元的活动被如实地记录在仪器上。令人惊讶的是，即使猴子根本没有做出任何动作，而只是看着别的猴子伸手抓了一颗坚果时，这套动作的神经回路也会被触发。不只是主管动作的神经回路会被触发、主管情绪的神经回路也是如此，研究也因此说明了笑声和眼泪为什么会具有感染力。某个人因为听到一个笑话而笑得前俯后仰时，会让其他旁观者的笑意回路随之被触发。镜像神经元打开了一扇神奇的大门：人们不必实际经历事情，就可以获得和真实发生同等的体验结果。

有个学员说，她爸妈一直吵架、打架，稍长大一点他们又互相怀疑对方出轨，家中爷爷奶奶也常和她妈妈有矛盾，有时妈妈会被爸爸打，曾经也自杀过一次。学员自己情绪的困扰很大，而且从十多岁就有强迫症。

因此，为什么近朱者赤、近墨者黑，有可能就是因为这个原因——人总是无意识地在内在模仿身边的人。

第三，通过成年以后的学习。

通过学习、看书、他人的经历……我们会修正、调整自己一部分的情绪模式。

第四，从系统成员中所携带过来的情绪。

如果你的身上有些说不清的强烈情绪，但是你也没有经历过那么大的悲伤或者愤怒的事情，那么很有可能这种情绪就是来自你的系统家族成员。

这和从父母那里习得的情绪和行为模式不一样。这个家庭系统成员你没有见过，或者是从没有跟他一起相处、生活过，但是你身上会带有他的一些情绪。

可能你的家族成员经历了一些重大的事件。比如战争、失去、婚姻失败或者异常的死亡。从家庭系统排列的角度而言，作为后代的我们很可能会承担我们这些家族成员的情绪。

情绪并不只是“你”那么简单，并不是“我有情绪了”这么简单。情绪背后的机制很复杂，但是形成的原因与幼年经历、亲人的情绪模式、家族能量是最密切相关的。

有个同学在工作坊中提问说，他从小就有一种身体里有别人的感觉，很奇怪，也不敢对别人说，学了课程知道可能认同了某个人，加上他经常用母亲的眼光去看父亲、憎恨父亲，他发现是他认同了他的母亲。后来做了一些认同和归还的功课，感觉轻松多了。

第五，你的内在导向。

如果你总是想要被看见、被人认同，没有获得你想要的结果，就感觉自己很委屈。这种委屈的情绪也会投射在你的上司、伴侣那里。因为你觉得自己不受重视，你会觉得畏惧、担心。你觉得自己没有力量，但是却总想要证明给别人看。所以，别人不重视、不肯定你，你就会感觉很愤怒。

对于你的情绪，试着找找内在的原因。你会发现自己的内在有一个信念，有个声音，那是你对自己的判断。

情绪是一种信号灯，是一个指示器，也是表象。你的信念才是核心，是内在最重要的东西。当你没有发现限制你情绪的核心信念时，你总是觉得周遭的人和事全是错的，全是在针对你的。其实是因为你内在对“自己是谁”“是怎样一个身份的定位”有偏差，才会产生情绪。

这五大类原因很复杂，说明了解我们的情绪其实并不简单，背后相连的是你的童年、你的家庭、你的家族、你的信念、你的成长环境……而这一切的因素形成了你牢不可破的情绪模式。

情绪反应是一种能量的混合体

人的个性改变为什么特别困难?

原因是这些情绪模式形成太早，或者隐藏得太深。上一章我讲过一个例子，男性一生气就把家里的东西砸一遍。你可以从几个角度去解读他的情绪，一种是他在童年可能学习到了什么。也许有相似经历，每当他大发雷霆时，他的父母就会满足他，或者帮他解除困顿，于是他在童年时就知道：愤怒可以表达我的界限和力量。另一种可能是他的父亲也是如此。他从父亲身上学到了，男人就是要有脾气才能体现出力量。当然，也有可能这个情绪是属于他的爷爷或者是其他的家庭系统成员。

在动物界，当雄性展示自己，或者要去抢夺配偶的时候，它们更多地会采取攻击的方式——一种展示力量的方式。也就是说，从潜意识来讲，男性或者雄性在暂时摧毁一样东西的时候，他认为自己是很有力量的。

当我们从背后的各种角度去解读一种情绪时，你会发现要改变这个人的情绪模式，其实是很困难的。因为它和这个人已经捆绑紧密，甚至已经进入他的细胞神经记忆。

我们每一种情绪反应都是一种能量的混合体。

你让抑郁的朋友们“开心点”，他却怎么也好不起来，因为每一种情绪都是一种能量的混合体。我们可以通过人体荷尔蒙的平衡水平，来判定一个人是否抑郁。那么这种情绪的背后就是一种荷尔蒙的分泌，可能是内啡肽和多巴胺分泌过少。

举个例子，当一个人体会到抑郁的时候，第一，有可能是他感受到了一种持续性的情绪低落，说明他内在的激素水平出现问题；第二，他的身体、呼吸，同时进入这种抑郁的配套感受。比如身体紧缩、垂头、眼神向下或者是呆滞，等等。

当情绪、身体都进入这种状态以后，第三件很麻烦的事情来了，就是信念系统的转化。信念不是一个永恒不变的东西，比如平时你相信“我是最棒的，我是最可爱的”，但是当你进入抑郁状态时，你的信念系统会瞬间配合着完成转变，开始怀疑人生。

信念跟情绪、身体是直接相关联的。你不可能在情绪很低落的状态下发出很正向的信念，除非你学习过相应的情绪清理、情绪释放的内容，否则它只是一种自动的习惯。

也就是说，当你经历这种低落的情绪的时候，你的信念系统瞬间也会转化成负向的心理系统：“好无聊，人活着有什么意思？得到那么多东西又能怎么样？”这些情绪就会占据你的内心。

同时和你的能量混合体捆绑在一起的，还有你过去的记忆。人的神经系统是互相配合着运转的，你的情绪、你的神经、你的荷尔蒙、你身体的感受、你的信念、你的记忆，都是组合在一起的。

当你感觉不好的时候，那些不好的记忆就会被翻起，哪怕是快乐的记忆，也会被染上不快乐的印记。这种情况下，你对未来的预期和期待也不那么乐观。所以当你跟一个抑郁的人说“你开心点”，他们的情绪不会有任何好转。因为你并不明白他们身体正在经历的那种抑郁的感受、抑郁的激素、抑郁的身体状态、负面的信念、负向的记忆和对未来负向的期待，是怎样捆绑在一起成为牢不可破的整体的。

举个通俗的例子，当你突然听到你的伴侣说要分手的时候，你感觉天突然就变成黑色、灰色的了，整个世界都不好了，同时你看所有的人事物都不可爱了，仿佛都很讨厌一样。

改变情绪的困难还在于，当你进入能量混合体以后，你很容易失去对自我的觉察，而陷入情绪中。所以当你一旦掉入这个情绪时，需要马上警觉起来：“我怎么变成这个样子了，我该怎样去调整？”否则我们会自然而然地处于这种状态中，把所有理性的方法、技巧都扔掉。

你学会了游泳，学会了骑车后，已经好多年不骑了、不游了，但是只要你骑上自行车，跳到水池里的时候，你马上就会想起来自己应该有的动作。你甚至不需要去记忆，不需要去想。因为你的身体有记忆，你的细胞有记忆，你肢体的平衡、感觉有记忆，所以它就自动被唤起了。同样的，为什么一遇到相似的事情，遇到相似的人的眼神，你的念头和情绪就会升起，它已经变成一种强化的身体记忆了。当这个事件一发生，想法一来，那套机制就被唤起了。

我时常听到一些父母的抱怨，说孩子不想上学。其实很多父母的亲子教育都学反了、学偏了，要么是过于严厉，要么是给孩子过于纵容的所谓的“爱和自由”，而没有发现孩子正处在形成一种行为模式跟情绪模式最关键的时候。

孩子不想上学，一定是在学校里遭遇了挫折，可能是老师或是同学对他不友好，又或者是他考试成绩不太好。遭遇到挫折以后，他肯定会产生沮丧跟焦虑的情绪，因此，上学对他来说会有压力。

面对压力，他形成了第一种行为模式，就是选择逃避不再去面对。这种核心的情绪模式一旦形成是很可怕的。如果父母不明白孩子正在形成的这种模式，跟孩子说：“你就别去了，待在家里。”那么孩子每每遇到焦虑和压力以后，就想要逃避。我们都知道，面对压力不舒服，面对别人的眼神，面对失败，都很不舒服，但是不去面对，却会很舒服。

除非你的父母是上帝，否则怎么可能保证你的命运处处顺风顺水？只有能够承受压力和痛苦，才能扩大自己舒适的范围。既然逃避可以带来快乐和舒服，那么他面对压力和焦虑的时候，怎么才能成功地战胜它呢？如何成功地穿越焦虑和压力？他不可能做到，因为他人生当中最重要的形成穿越焦虑和压力的能力的时刻，被他的父母错过了。

我们每个人都在情绪中追逐快乐，也在情绪当中受苦。

我们想要赚钱，想要获得美好的关系，获得健康、财富、安全、和睦、和平，获得别人的认同、赞美，获得成就感。那么这所有的一切，外在物质世界的一切，是怎样让你感受到快乐的呢？都是情绪。

我买了一辆车，我很开心；我到一个地方去旅游，我很快乐；我得到了某一个岗位，成为某种人，有了社会地位，我很喜悦……这都是不停追逐的快乐。对于另一种人而言，一个甜蜜稳定的家庭，就足够让他们幸福。

这些快乐满足和幸福其实最终都是情绪而已。我们在外在物质世界追求的所有的一切，都是为了让我们体验到情绪的快乐。

情绪的快乐就是荷尔蒙的分泌而已，是一种化学反应。千万不要小看情绪。因为你在这个世界上，所有努力的一切都是为了情绪。可以想象一下，你想要获得很多钱和成功，你可能会获得喜悦、幸福、满足感。

你需要的真的是钱吗？需要的真的是成就和地位吗？不是，其实就是那一刹那到达了那个阶段，你对自己的认同，以及别人对你的认同而带来的快乐的感觉。我们追求的一切最终都是一种主观的体验而已。

既然是追求一种主观的体验，那么我并不一定要那么多的钱，那么高的地位，有那么大的房子才可以体验到快乐，对吗？我们有办法从主观上去控制它。

最近许多明星、名人备受抑郁症困扰。从某一种角度来讲，他们功成名就，自己也很有才华。但是他们为什么还是会被抑郁围困呢？说明在这个阶段，他们所获得的一切，外在物质世界的一切，已经没有办法让情绪获得刺激和快乐感。相反，痛苦还在源源不断地增加。

这也就是人感到痛苦的地方。当你没有钱的时候，你幻想着有一天有了钱，有了这些东西，你会很开心。但是当你真正什么都有的时候，你会发现可能情况比之前更糟糕。

所以我们通过追求外在的一切来获得内心的平静，这条路是走不通的，也永远没有办法真正得到满足。你想要比别人更好，更有成就，想要获得安全感，想要有权力，想要放纵，想要获得感官的刺激。这条路在某一个阶段是可行的，但是最终你会发现它没有办法完全满足自己；你会发现，无论你如何有成就，如何有钱，我们的人生八苦是无法逃掉的。

你获得的越多，你可以失去的就越多；你想要控制的越多，你的痛苦也就越多；你的念头越多，恐惧也就越多。所以了解我们的情绪模式是如此重要，因为这些痛苦没有办法自行解除。

有的人把情绪平衡理解为跟随内心的感受，对情绪说“是”。他们内心觉得“情绪是怎么样的，我们就允许它表达出来”。这其实是一个误区，他们并没有用一种情绪平衡的观点去看待情绪，只是拿了当中的一小部分来对待所有情绪。所以情绪的处理和平衡，是一个动态的过程。

与情绪共处的六个阶段

第一个阶段，我们可能根本没办法意识到自己的情绪，我们不知道这种情绪从哪里来，自己在被什么情绪模式控制着。对于情绪，我们是盲目和无知的。

第二个阶段，我们意识到了情绪，想要去征服它、压制它、忽略它。很多人都处在这个阶段中，知道这些负面情绪不好，但是又没有办法处理，以为忽略、克制是最好的办法。

第三个阶段，我们开始觉察情绪。觉察情绪背后的模式，我们会明白我们的情绪和信念是如何升起落下的，它背后的机制，背后的循环是怎样形成的。我们学会对情绪说“是”，允许它被表达出来，而不是纵容它或者压制它。

但是，有人把“对情绪说‘是’”当成一个恒定的真理来使用。所以他想生气就生气，想发脾气就发脾气，想说讨厌谁就说讨厌谁。他认为这就是“我”，就是做“自我”，其实不是，他更应该反省一下自己与情绪共处的方法。

第四个阶段，是表达和释放情绪，去表达界限，也就是

“对情绪说‘是’”的阶段。

第五个阶段，我们去转化和平衡情绪。情绪来了，但是我已经不需要去评判它、分辨它，而是思考是否需要这个情绪，如果不需要，我就去转化它。

第六个阶段，建立自己正向的能量混合体，重新建立我们的信念模式，给自己建立一些新的编码，成为心灵的主人，成为自己的主人。

很多孩子学习很努力，但是没有信心，总担心考试考不好，奇怪的是，越担心，就越会考不好。这是一种自我的强迫。当他觉得担心的时候，他的念头和信念就会告诉他：考试很危险，会考不好。他的情绪中就产生了焦虑，记忆里也会调出之前考不好的例子，对未来的期待也是考不好，最终导致考试失利。

那么，聪明的父母应该怎样破解孩子的焦虑呢？最简单的方法就是让他改变信念，改变期待，父母可以选择从改变身体感受入手。

我会选择对这个孩子说：“考试紧张很正常。所有的孩子考试都会紧张。为什么？因为考试很重要，大家会很紧张，不光你紧张，我也紧张过，很多人都紧张过，没有问题。”

第一点，你要让他明白紧张是被允许的，既然大家都紧张，那它就没有存在的必要了。

第二点，从身体的感受去切入，改变他的状态。告诉他："紧张的时候，你需要做的就是放松你的呼吸和肩膀，紧张就会慢慢地消除，你会越来越放松。"这样就从一个负向的能量混合体，转变成一个正向的能量混合体。

情绪能量、黑洞和觉知

我们的身体通过分泌荷尔蒙让我们产生某种情绪，我们的情绪外显出来后，也是一种能量。

能量就是你散发的电磁场，是你的电磁波。我们平常见到的光，是一种能量，声音也是一种能量，光和声音都是以波的形式在空间中传播的。同样的，我们的情绪也是一种能量，不同的情绪代表着不同的能量，所以这些情绪的能量就会对外界的人、事、物产生影响，同时对我们自己也产生影响。

一个家庭中，父母每天带着焦躁暴怒的能量，那么这个家庭的孩子不可能不受到影响。他在这样的情绪能量的土壤里生长，每天吸收这样的养分；如果一个家庭充满了快乐放松的能量，那么在这个家庭里面的成员就很愿意每天早点回来，因为这个能量场让他觉得舒服。这就是为什么有的人虽然说不出这个地方的能量到底好不好，但是他的直觉就能告诉他愿不愿意常待在这里。

美国的精神科医师大卫·霍金斯博士对此做了很多的研究。他通过人体运动学的原理，经过二十多年的临床实验发现，人的不同层次都有相应的能量指数，而不同的意识层次也对应着不同的情绪。

大卫·霍金斯，将意识能量级别分为 17 级。

意识能量级别	情绪指数	能量指数
1	开悟正觉	700～1000
2	安详平和	600
3	宁静喜悦	540
4	爱与崇敬	500
5	理性明智	400
6	宽容原谅	350
7	希望乐观	310
8	淡定信赖	250
9	勇气肯定	200
10	骄傲轻蔑	175
11	愤怒仇恨	150
12	渴望欲望	125
13	恐惧焦虑	100
14	忧伤懊悔	75
15	冷漠绝望	50

续表

意识能量级别	情绪指数	能量指数
16	罪恶谴责	30
17	羞愧耻辱	20

情绪中能量最低的是羞愧，只有20，在20这一级别的能量指数上面，人能体验到的情绪是羞辱、羞愧，它的能量层级基本接近于死亡。而冷漠的能量指数到达了50，在这个状况下体验到的情绪是绝望。

能量指数再往上体会到的是恐惧，同时伴随着忧虑，这时候的能量指数是100，100并不是很高的分数，因为能量层级图的满分是1000。欲望和渴望的能量指数是125，愤怒和憎恨则是150，骄傲、嘲笑和傲慢的能量指数是175。以上都是负面情绪的能量指数。

正负能量的分界线是200，这个时候人体会到的情绪是勇气和肯定。指数250的时候体会到的是平和、淡定和信任。接着当指数上升到350，这时候体会到的情绪是宽容原谅，意味着对他人的完全接纳。

霍金斯说过，在这个能量级别有一个巨大的转化会发生，那就是了解到自己才是自己命运的主宰，自己才是自己生活的创造者。宽容意味着让生活有它本来的样子，并不刻意去塑造一个特定的模式。所以这个级别的人不会对判断对错感兴趣，也不会经常去评判别人的好坏或者对错。

相反，他们更在意的是长期的目标，更在意怎样能够去解决问题。

在爱这个级别达到的能量指数是500，往上是达到喜悦和平静的540，再往上是和谐，是600。最高就是我们所说的开悟，这是700～1000的级别。

对照上表，你可以看看自己平常的情绪指数在哪一个级别。如果你的情绪指数的级别低，那就说明其实你还没有成为自己命运的主人。

我们需要明白，不同的能量状态对应着不同的能量指数。你的快乐和愤怒在能量上是有区别的，它们在指数上是有高低差异的。所以你需要经常留意你的状态是处于怎样的一种能量级别，是处在焦虑、羞愧、冷漠、绝望中，还是处在那些放松、平和、爱、喜悦、宽容、主动、勇气中。

能量层级低于200的人，经常会处于一种没有力量的状态，他们会认为自己是生活的受害者。如果自己对低能量级别毫无觉察，就算身心健康，长期待在这样的环境下，久而久之也会出现身心疲倦、忧郁或者暴力。所以，要确保自己的情绪能量日常在一种好的状态下，同时学会自我保护，远离让你产生不良状态的环境。网络上骇人听闻的资讯和新闻，对自己的能量是没有帮助的。因为我们的抵抗力、意志力并不强，如果经常看这些信息，我们的情绪状态会被拉低。

还有一种情况，在日常人际交往中，有的人你第一眼看到就很喜欢，很想和他继续接触，或者待在一起；但有的人你怎么看都觉得很不对劲，浑身不舒服，有的人称之为“面相”令人不舒服，其实就是这个人的情绪能量和状态不对。老话说得好，相由心生，如果你很喜欢和能量级别很低的人待在一起，肯定是因为你自己的能量级别低，你们待在一起会很适应。在布鲁斯·利普顿博士的《蜜月效应》一书中，把这种相互滋养的人和人之间的能量状态叫作“良好共振”，把消耗的、拉低状态的人与人之间的影响叫作“不良共振”。

当你的状态改变了，能量级别提升了以后，你会发现有些人你不想和他有太多的交往，你只是保持尊重和距离就可以。在留意你所处环境的能量的同时，你也要留意自己给别人传递了怎样的能量，包括你的家人，你的孩子。

比如，一对母子，孩子面临升学压力，每天做作业到深夜，孩子抱怨发牢骚，母亲则心疼孩子的辛苦和难受，自己也忍不住焦虑、神经紧张，这就是能量的传递。孩子焦虑，母亲肯定也会焦虑，反过来又会带给孩子更多的焦虑能量。

后来这位母亲听从了我的建议，每次面对孩子的抱怨和牢骚都表现出平和的状态，想到孩子的抱怨和牢骚其实是在合理释放焦虑和抑郁，减少负能量的堆积。听孩子的抱怨牢骚就是在帮他清理解决这些东西，焦虑少一点，快乐增一点。慢慢地，孩子抱怨和发牢骚的次数减少，因为孩子自己的能量也跟随母亲变强了。

美国生理学家爱尔马曾经做过一个关于情绪的生理实验，他把人在不同情绪状态下呼出的气体收集在玻璃试管中，冷却后呼出的气就会变成水。

他发现，人在心平气和的情况下呼出的气体凝结的水是清澈的；在悲伤的时候呼出来的气体凝结的水是很浑浊的。这说明情绪能量会变成你可以观察到的东西。

米饭实验

讲一个关于米饭实验的故事。你也可以去尝试一下。

米饭实验很简单，就是找三个一模一样的、干净的透明玻璃罐子，透明的玻璃罐可以协助你更好地观察，然后三个罐子里面装上熟的、摊凉的米饭。保持罐子是盖着的，不要打开，放在同样的环境下。你可以在三个罐子上面分别贴上纸条。第一个罐子上贴的是“我爱你”，第二个罐子上贴“我恨你”，第三个罐子你可以不贴纸条或者贴张空白纸条作为对比。

然后你每天就是把罐子拿出来，对写有“我爱你”的罐子全身心地去表达你的爱意，你可以和它说话，说“我爱你，你好美，我好喜欢你，你真棒，你是最棒的”。然后把这个罐子再放回去。然后你拿出第二个写着“我恨你”的罐子，然后对它说“我恨你，我恨死你了，我要杀了你，你太丑陋了，你是最恶心的，我把所有的怨恨都发泄到你的身上，我诅咒你”。

第三个贴了空白纸条或者不贴纸条的罐子，你不需要去管它，放在那就可以。

你每天讲一次也可以，讲两次也可以。但是确保一点就是你去对米饭说话的时候，你的情绪是相当强烈的。恨的时候要做到百分之百地恨，爱的时候做到百分之百去爱。

过七天以后打开罐子去闻，你会发现令人恐惧的事实：写着“我爱你”的罐子里，米饭虽然发霉长绿毛了，但是打开以后，它却是一种清香的酒酿味道。写着“我恨你”的罐子里的米饭很奇怪，它虽然没有长毛，还是白白的，但它有点发煳，打开来是一种恶臭味。

这个实验听上去耸人听闻、一点都不科学。我当时也觉得这个实验一点都不科学，才去实践，看看它到底有多么不科学。如果你非常怀疑这个实验，你回去自己做一下。如果你很相信这个实验，你也回去验证一下。

做完这个实验，我觉得太惊讶了。很多人很难接受这样的结果，认为不可能。但是这个实验我们已经重复了上百次不止，很多小朋友在家都能够进行验证。当然也可以把米饭换成苹果、草莓之类的进行验证，但是我觉得米饭的取样比较标准化，不像水果、花朵可能每个个体的差异度很大。原来我们的情绪能量的威力是如此的强，而且有效。所以从那以后，我就非常小心自己所有的起心动念，自己每天情绪的状态。

我到底是处在一种好的情绪当中，还是每天释放的是怨恨、埋怨、责怪、抱怨呢？你去看一看，练一练。当你练习了以后，你会发现米饭真的会因为你的情绪而有变化，这个时候你会有触动，就看你平时把自己当成了“哪一碗饭”。

可见，情绪能量会对一碗米饭产生实质性的物理变化和作用，也同样会影响你的身体和你的命运。我们要学着宽恕，放下怨恨，并不是因为我们的道德情操特别高，只是因为我们想要放过自己，不想再让这些带毒的能量储存在自己的身体里，别人没有被“毒死”，我们自己反而先被“毒死”了。我们的意识、念头、情绪，的确会对我们的外在物质世界产生重大的影响。你的情绪甚至可以让一碗米饭变成不同状态，你把类似的情绪释放在你的家人身上，释放在孩子身上，释放在亲密关系里，他们也接收了你正向或者负向的情绪，那么他们的状态也会跟随你起伏。

每当你释放这种情绪的时候，不光是在释放这些抱怨的能量，你还在给自己的身体释放能量。这是你自己的身体，你必须要体验到这样的抱怨、愤怒、绝望，你才可以把这些情绪能量发泄出来。

我们每天都在不断产生各种能量级别的情绪，如果你发现自己经常处在某类负向情绪里面，你要留意，一方面是对你自己的意识信念会产生一些影响，另外你的身体也必然会受到影响。

路易斯·海在《生命的重建》这本书中提到一个身心对应表，你可以把它当成参考。如果你对一些人的情绪非常强烈，而且身体症状非常明显，可以去对照这个表。但是，我们要辩证地看这张表，不能完全把病痛的解决寄托在一张表上，你的一些疾病引起的病痛还是去医院的治愈效率比较高。

在《生命的重建》身心对应表里面，如果你发现自己的情绪是持久的、强烈的，你可以留意一下是不是有相应的症状，或者当你有某种身体症状的时候，你可以去对应一下自己是不是有这样的情绪状态。

路易斯·海指出，有的人经常感觉到肩膀痛，可能是因为他们有过重的负荷压力；有的人肥胖，有可能是缺乏安全感，或者是一种自我的保护。因为动物在进攻或者威慑敌人的时候，总会想方设法让身体变大，这样敌人就不敢靠近。

我们很多情绪都是从动物的原始生存需要而来的。一个缺乏安全感的人，想要让自己更加有力量，减少被攻击的可能性，最好的方法就是让他的体形变得看起来大一点。所以很多比较胖的人，他其实内在很平和，没什么攻击性，只是需要安全感。

另一类变胖是因为自我排斥，他觉得自己不够好，自己太丑了，他也深信自己永远不会有人喜欢。把自己变得胖一点，就会符合他潜意识的这种要求。

还有一种情况是保护自己，一些女孩可能受过一些侵害或者威胁，让她们觉得自己变得丑一点比较安全。所以在这种情况下，她们就刻意地或者无意识地多吃。

但是最普遍的一类肥胖，是弥补空虚，吃甜食会让你分泌多巴胺。

很多人减肥不成功的原因，其实是背后和自我的关系没有修复，他们认为自己的内在不够好，或者需要保护，需要不被别人看见，或者仍然想不受到威胁。在他们内在的动力、渴望、需求都没有被满足的情况下，即使通过各种方法减肥成功了，也会很快反弹，因为内在的那个需求还在。

而肺的问题很有可能是由于纠结、拿不起放不下的情绪引起的。肝主怒，在中医理论中，肝是存储愤怒的地方，人的愤怒没有办法表达，被压抑后就容易出问题。失眠则是因为压力、愧疚、恐惧；心脏病有可能是严重的情绪紧张，或是排斥；头痛是紧张情绪困扰和对未知的恐惧；耳朵疼痛有可能是愤怒，不愿意倾听；腹泻可能是对某种思想的害怕和排斥；便秘有可能是拒绝改变、吝啬；癌症有可能是长期忍受内心深处的忧伤，还有愤怒的侵蚀；低血压可能是沮丧消沉和忧伤失败，失意；高血压则可能是长久的情绪问题没有解决；血液病可能是郁闷不乐，思想呆滞不流畅；上半部的背痛代表的是精神的支柱缺乏，下半部的背痛则代表财务的支持缺乏；关节炎是对生命感觉到苦涩、憎恨、缺乏爱……

有的人喜欢抱怨、发牢骚，他们认为发发脾气、抱怨两句没什么关系。其实，你释放出去的一切念头、意识能量、情绪，最后都是有代价的，我们的情绪能量不只是靠发泄就能解决的。

如果你整天对着外界释放一些负向能量，你的身体也一同在经历这些。但是，处理完这些负能量后，我们应该怎么吸引美好的情绪呢？最关键的是我们需要处在与美好事物同频的情绪上。

你想要的是财富，是快乐。当你有财富的时候，你可以体会到那种兴奋、富足，你现在就要处在这样的情绪频率里面。如果你每天的频率是焦虑、抑郁、悲伤、愤怒、抱怨，那么你吸引来的肯定就是和这种能量级别匹配的回报。

吸引力法则是同频共振，同质相吸。同样能量级别的人总是愿意待在一起，一个喜欢抱怨的人身边发生的事情肯定都是不好的事情，因为顺利和轻松本身就不符合他的能量级别。

当你真正能够掌控、转化自己的情绪的时候，你获得的益处不只是身心的平衡喜悦，而是你的整个人生轨迹可以发生变化。

我们情绪背后所束缚的是很多的东西，包括我们的经历、信念系统、原生家庭系统、家族背景等，情绪模式通常很难改变，但是一旦改变，就意味着背后的根基松动了，你的命运就开始改变了。

所以大家不要小看你平时显露出来的这些情绪，它其实是一个风向标。

情绪黑洞

在宇宙中，黑洞会吞噬周边的天体，经过的所有物质都会被黑洞吞噬进去，哪怕光线都逃不出来。所以黑洞的存在就是不断地吞噬，任何的粒子光线跑到它边上都会被它吞噬、撕裂。在我们的情绪当中也存在着黑洞。

情绪黑洞的四个特征。

第一，一旦爆发，就特别强烈，能够超越平时的情绪。

也许你平时的情绪并不是非常强，但是到了某一个点突然就爆发，你根本没有办法控制住自己。

第二，当情绪黑洞爆发以后，会不惜任何的代价。

这个时候你的爬虫脑超越了你的新脑，理智的分析判断全部短路，造成的破坏性后果非常严重。

第三，情绪黑洞会持续比较久。

第四，情绪黑洞是重复的，很难摆脱。

非洲草原上有一种野马，这种野马性情暴躁，同时，草原上也有一些吸血蝙蝠，它们经常停在野马的腿上吸血。每当蝙蝠咬到野马，野马就会暴怒地狂奔，最后被自己活活折磨死。

其实一只蝙蝠的吸血量很少，远不足以让野马死去，但是在强烈的情绪汹涌时，野马所有的认知都短路了，不再用理智去判断和感知世界。它们回到了最原始的战斗的生存模式下。

所以情绪黑洞会将人的理性卷走，会让人被情绪所控制。在这种情况下，那种最原始的身体记忆和神经记忆会被唤醒，这个记忆可能是你自己的，也有可能是你的上一代、上上一代或者从更久远的祖先那里传承下来的。这时候人会进入两种状态，第一种是暴怒攻击，第二种是逃跑——变得沮丧抑郁，等等。

有个个案说她的妈妈是一个铁腕、冷血、狠毒的女人。她最佩服的女人是武则天，为了皇后的位子，可以掐死亲生女儿。案主自己也被前夫家暴，后来离婚，一个人带着女儿，她得了抑郁症，她的妈妈没有帮她，还联合前婆婆欺负她。

有的人一吵架就越吵越激动，越吵越来劲，自己根本控制不住。悲伤也是一样，原本可能并不是多让人难过的事，但是慢慢地，悲伤开始滋生，人想得越来越多，最后掉入一个抑郁的怪圈。在这种状态下，你的身体其实是既紧张又兴奋的，它只是在不停释放让你感到悲伤或者愤怒的荷尔蒙。于身体而言，这种释放有一种快感。

在家暴的案例中也经常出现这种情况，其实施暴者和受虐者一样，他们都是在某一种情绪黑洞中上瘾。

如果你的情绪经常会超过一定的级别，让你没办法控制，就好像情绪是一个猛兽，一下把你拖到黑洞里面，你千万要警惕。这个时候它已经不是你的情绪了，它是一种操控你的能量和机制。

有个个案是一个大学的男性，因为女朋友和他分手，就感觉各种的要死不活，扬言要杀人、自杀，并且到处去打架、闹事。其实这种状况就是一种典型的情绪黑洞，那就是——你让我不爽了，那我就爆发吧，让周围所有的人都遭罪，让我自己也受罪，我可以把所有的一切都毁掉。当然，当我们去看他的原生家庭，会发现他的父母之间也充满了冲突，他和父母之间也充满了冲突，甚至他的父亲也经常说不想活了，每天用极端的情绪在控制、胁迫身边的人。表面的暴力、愤怒恰恰证明了他的内在是个弱者，因为只有弱者才无法接受各种结果。

动物界最初的情绪机制模式，是警觉和提醒，它应该是一个功能性产品，但是当情绪滋生得过大，就变成了一个恶魔，把它的主人吞噬了。如果你还很酣畅淋漓地享受那些强烈的情绪，抑郁、悲伤、暴怒，那么你该醒一醒了，这根本就不是你在拥有情绪，而是情绪拥有了你，是情绪的黑洞把你玩弄于股掌之间。

你只是习惯性地对这种情绪下分泌的激素上瘾，就像一个自动自发的机器，是没有觉知的。所以你首先得明白你所有行为、情绪、信念背后的原因，以及怎样去改变，这才是个人情绪成长的第一步。

大多数的人都是没有高度的觉知的，只是在自动自发的行为模式、情绪模式中不停地重复，这也意味着你的命运在不停重复。

就像笼子里面的小白鼠，它们在笼子里畅快地跑着，一圈又一圈，它们面前的一生那么平坦，可以很自由地奔跑。那些没有觉知的人，就像笼子里面的老鼠一样，在重复的命运中不停地奔跑，还自以为是地觉得非常舒服。

我们自己是不是也处在某种固定的情绪模式里面挣脱不了呢？你的人生是否也经常遇到同一个过不去的坎？是不是频繁地遇上同样的人、同样的事，经历同样的失败？

如果你发现了，那就是你自己的“笼子”，就要想办法从里面解脱出来。

第一步，觉察自己的情绪模式，看见你是如何喂养情绪的。

第二步，情绪升起的时候，试着往后退一步。想象自己看见面前的自己掉在情绪中发泄，你会看见自己的不自由，看见自己沉浸在情绪当中被情绪占领着。

第三步，当你产生观照以后，你可以深呼吸，然后开始释放："我为什么要在这个状态下，我难道不能换一种方式来处理吗？"

当完成了这几步，你就可以从这个黑洞中挣脱了。

【功课 1：乱语静心】

乱语静心，就是把情绪用非逻辑的方式，通过身体、声音、动作、表情给释放掉。

"非逻辑"在这里非常重要。我们的头脑喜欢自动分析，会不停地衍生出想法："对方是怎么看我的，他是不是不喜欢我？他以前怎样对我，我以后会怎么样？十年以后我会过得如何……"我们的头脑本身就是自动产生念头的机器，它永远不会停下来，哪怕在做梦，头脑也在不停地产生各种各样的念头。

乱语静心，就是通过一些非语言逻辑、非逻辑思维的方法，释放我们的情绪。例如你在公司被老板批评，你很烦闷、暴躁，你可以找一个无人的地方，闭上眼睛开始“乱语”。

乱语就是发出各种各样稀奇古怪的声音，是非语言的。你只是在表达各种各样的情绪。

在乱语的时候，你的身体要放松，可能会有各种手势，脸部凌乱的表情。

这个练习不需要音乐，晚上也可以做，持续 15 分钟。把你感受到的委屈、愤怒、悲伤，通过乱语、身体的动作、脸部肌肉的动作释放掉。

我们很多的情绪其实是积压在面部的。你去观察一个人的面相，会发现其实很多的情绪早就写在了他脸上。我们通过非逻辑的这些乱语，通过脸部的动作、配合的手势，把情绪简单地释放出去，不做任何的评价。

乱语并不是一种发泄，它只是一种释放而已。

【功课 2：伏虎呼吸释放法】

伏虎，就是去降伏老虎的意思。

你的情绪是你内在的老虎。

伏虎呼吸释放法适用于强烈情绪的短暂释放，它不是一个终极的释放法，当你有情绪的时候，可以先用这个呼吸法把情绪降到一定的程度，后面再继续做清理。

第一步：找到一个你想要克服的强烈情绪。

可以想象一个经历过的情绪，比如想象你跟谁争吵，或者为了什么事情担忧、焦虑、烦躁，可以让你重新体会这个情绪。

第二步：觉察自己的身体感觉。

当你进入这种情绪感受的时候，闭上眼睛去感受一下，你的身体哪个部位最能够感觉到这种情绪。找到身体的感受，并给这种情绪一种大小和颜色。

第三步：加强这种紧张。

我们可以深吸气，屏住气以后，让我们所有的肌肉可以加强这种紧张，让你的拳头、让你的脸部、让你的四肢都可以绷紧、让你的身体可以蜷缩起来，加强这种紧张，让肌肉紧张 5 到 7 秒钟的时间。当你屏气的时间足够长的时候，慢慢地发出声音，你感受到把内在的情绪和压力通过呼吸释放出来，释放的时候去观想情绪的色块被带走。

第四步：做 3 次或 4 次以后，你可以坐着或者站着，恢复缓慢的呼吸。

第三章
认知、信念和情绪的关系

我们现在已经知道情绪与荷尔蒙有关系，跟我们的生物结构有关系，那么具体到某一个问题、某一个事件上，情绪又是怎样产生的？它又和什么有关呢？

比如：可能是有人对你说了一些话，刺伤了你，或者是对周围的环境不满意。有人会认为社会上的风气不好，周围人的举止行为不符合他的价值观而不开心；又或者是同事朋友做的某些事让他不开心。这些都是缘于你对你周边的人、事、物的看法而产生的情绪，你认为他们不应该是这个样子。

另一种情绪是对未来的不可控、焦虑，对自己婚姻的未来、孩子的未来、事业的未来、健康的未来而焦虑担心；或者对过去行为的后悔、内疚、纠结，觉得当初为什么会这样。“如果不嫁给他”“如果不选择这个工作”“如果不认识这个人”“如果不说那句话”就好了。

情绪真的是由这些事情决定的吗？

情绪是怎样被触发的？

曾有人向我咨询，儿子要参加 GMAT 的考试，他有点儿着急该怎么办?

其实这个问题很好解决。首先，考试是孩子参加，并不是他去参加，他急躁也没有用，只会把这种情绪传递给孩子。他可以告诉自己:“儿子要参加考试，有可能考得好，有可能考不好。如果考得很好的话，我觉得非常开心;如果考不好的话，我也愿意接受。”

这句话说说容易，很多人永远不愿意接受某种结果。当你不愿意接受的时候，你就逼迫自己的情绪进入一个极端，你的潜意识也害怕那种不想要的事情发生，让自己进入一种很负面的状态。有的时候随顺，有的时候放下，有的时候愿意接受所有的结果，这才是一种真正的勇气。你做好所有的准备，但是不强求所有的结果。

况且 GMAT 是一个可以重复反复考的考试，这次不行还有下一次。哪怕考不好，出不了国，在国内也不一定做得不好。许多想法都是家长的一厢情愿所带来的那种强迫认知，这种认知给自己带来了很多担心，又传染给孩子。表面看来，是外界的人事物触发了我们的情绪。我们会想当然地认为，如果不是因为你成绩不好，不是因为老师来找我麻烦，不是因为你背叛我，不是因为你给我脸色看，我怎么会有情绪?我怎么会生气?我怎么会不高兴?如果不是因为现在的收入太少，不是因为竞争太激烈，不是因为你让我操心的事太多，我怎么会每天焦虑不安呢?

听上去很有道理，外界的人、事、物是那么的不可控，我们身边发生了那么多事情，让我们不得不有情绪。但是当我们这样去理解的时候，就会出现一个很大的问题，外界的变化，是你无法控制的，如果我们的情绪被这些自己不能掌控的事物、不能掌控的人所控制，我们就会成为一个被动的人，成为一个被动的接受体，我们的快乐、痛苦的按钮被周遭世界的各个环节所操控着，任何时候都有可能被按下。

这也就是为什么很多人始终没有办法摆脱自己的情绪，他们认为这些都是其他人的问题，并且很容易成为不断抱怨的人。但事实是我们的情绪并不是直接由这些外在的人事物所引起的。

比如你的先生加班回来非常晚，作为妻子你可能就会非常生气，觉得先生就顾自己忙自己的事情，在外面花天酒地，太不照顾家里。但是换一种想法去思考，丈夫太不容易了，为了维持这个家，为了让家人过得更好，他牺牲了多少自己的时间，牺牲了和家人相处的时间，他真是太辛苦了。

同事对你说了一些很难听的话，你非常生气，觉得这个人对我好像有攻击性，他好像不喜欢我，你也会对他很有敌意。但是如果你发现他跟所有人都是这样，对领导也是气势汹汹的，你会突然放松，因为你发现原来不是我有问题，而是这个人自己的问题。

在有的公司，一些员工会抱怨公司对他们不够好，不够人性化，不够重视他们，没有提拔他们，或者偏心了。在这些员工的眼里，公司有义务和责任照顾他们的想法，因此当一些事情没有发生，他们会很生气或者委屈。但是奇怪的是，无论他们如何抱怨公司，他们就是不愿意离职。他们需要想一想，到底是他们需要工作，还是公司一定需要他们。

同样的事件可以带来不同的情绪，但是当我们听见、看见、想到、感觉到一些事情的时候，直接产生的并不是情绪，而是内部的感知。

我们的内部感知有内视觉、内听觉、内感觉，也就是把外部的这些信息采集下来，转换成内部的信息，而转换本身就是一种选择性。

比如有人和你讲了一句话，但是在你的脑海中反复回现的可能是他憎恶的表情、他的眼神。但是周边的环境，当时的情景，你可能记得并不是很清楚。也就是说，外界所发生的事情，变成你内在的视觉、听觉、感觉上的记忆，这本身就不是百分之百完全还原的，这些信息经过了删减，经过了扭曲，再由我们的大脑去分析它。

人类是一种智能生物，他们有一套固有沉淀的算法。当一个人对你说一句话，或者给了你一个眼神，我们会用一种历史的经验，基于一些已经形成的方法，简单地判断出他的这句话、这个行动、这个表情代表的是什么。

我们看见、听见的这些事情给了我们内在理解的意义，内在理解的意义其实就关系到我们的认知和信念。我们会认为你这样做对我是一种侮辱，一种不忠，一种挑衅，等等。事件本身并不一定有让你愤怒的意义，甚至是没有意义的，但是我们的头脑把它解读成一种意义，这个意义就会产生情绪。

所以，并不是外界发生的事情让你产生了焦虑、恐惧、悲伤、愤怒的情绪，而是你自己的头脑，头脑的认知、头脑的想法，和这个事件的对比，产生了情绪。

同时头脑对未来的想法，我们称之为“预期”。你认为事情本来应该是这样的，这个人应该是这样对待我的，这个预期没有实现，就会产生落差、产生情绪。

比如，你出门上班，走到马路上踩到了一堆狗屎，大部分的人都会认为自己运气太差，今天真是倒霉透顶了，甚至在这一天都会充满这种烦躁。你原本期待的这一天是比较顺利的，但是发生的事实使你的预期并没有达成，所以你的那些不满的负面的情绪就产生了。

第二个场景，你还是一大早出门就踩到了一堆狗屎，有没有可能你在这个时候反而很高兴呢？也是有可能的。也许走在你前面的人摔了一跤，一下子摔在这堆狗屎上，而你只是踩了一下，你就会觉得自己运气真好，还好没有摔上去。

为什么这个时候你会觉得放松呢？因为你的预期不一样了，你看见前面的人摔了上去，所以你的预期是自己也会变成这样。这个时候，你的期待不再是顺利地出门，而是不要有同样的遭遇。你的预期降低了，面对同样的一个事件，会让你觉得自己挺幸运的。

所以说事件本身并不会必然地带来某种情绪，而改变你的预期、改变你的信念、改变你的想法、改变你面对这些事件的态度和念头，你完全可以去掌握和改变自己的情绪。

什么是心理预期?

预期是你对未来、对行为结果的一种期待，它是满足和满意的一种标准，和你的承受力有关系。

很多情绪问题都跟预期相关。你在骑自行车的时候可能会羡慕那些骑电动车的人，因为电动车比自行车速度快。但是当你骑电动车的时候，又会想着拥有一辆汽车，但是你知道自己的经济条件，认为你自己买不起，所以你对汽车没有强烈的期待和预期。如果你一个月只有800块钱的收入，哪怕你拥有了一辆法拉利，你也会觉得焦头烂额，因为你根本养不起。所以，预期就是让你自己的期待比拥有的更多一点。这种机制让人类永远没有办法满足。这也是人类能够成为地球霸主的原因，因为无法满足，人们不停地扩张，不停地创造，不停地拥有、获取。

你去看小猫小狗，它们在太阳底下非常舒服，有的躺在马路中间，有人走过去，有车子开过去，它们甚至眼睛都不会眨一下。它没有预期和期待，它觉得填饱肚子晒晒太阳就很舒服，生活已经足够好了。除了在发情期，要去争夺配偶的意愿外，它们吃饱以后就没想要拥有更多，也不会相互比较。不会操心对面的金毛是不是身材比我好，隔壁的博美的狗舍比较豪华。

没有预期的情况下产生的是平和、放松、喜悦的情绪，所以它就安住在情绪里面。但是当它感到饥饿，感到不安的时候，负面的情绪就会升起，它们就想要攻击，抢夺食物。

从这个角度来说，这些情绪是为了让你不满足于现状，让你生存下去而产生。为什么很多有钱人都不快乐？因为物质的预期太容易实现了，他们太习惯被满足，又没有新的需求。当你的人生已经没有什么更多的东西可以追求，或者所有的一切来得太轻松的时候，你的那些多巴胺、内啡肽也就不再分泌了。

人类的机制就是不断产生新的需求，不断被满足，这一点和其他动物不同。对普通人来说，住一个大点的房子，吃一顿好吃的饭菜，这周有一天不上班，能够请几天假去外面玩一玩，就可以分泌足够多让他们快乐的荷尔蒙。所以，情绪的背后全是生化反应，而荷尔蒙的产生跟我们的预期、信念和认知有关系。怎么样能够让你自己处在一种持续的快乐当中，甚至在产生快乐的同时，也不会让自己的下一个快乐减少呢？最简单的方法就是持续地感恩。

我们在不同的状况下，在不同的事件影响下都能够觉得放松的方法就是感恩。因为感恩是一个“我已经拥有了足够多”的状态，它本身就是一种快乐的状态。在感恩的状态中，我们先达到了想要实现的最终的状态，在这种状态里面没有匮乏，我们处在最自然、最放松的接受状态。

但是我们平时产生快乐的方式是一种匮乏的状态，是一种我必须要达到那个状态我才会快乐的想法，例如，我必须要有钱我才会快乐；必须买到了这个我才会快乐；我必须要我的孩子、我的先生/太太达到怎样的状态，我才会快乐；我必须有个更高的职位，我才能放松和满意……

但是感恩不一样。我们可以去感恩生活当中已经有的人，已经有的事情，发生的这些事情，感谢和感恩我们所经历的困难、经历的挫折，感恩曾经伤害过我们的人给我们带来的经验教训，去感谢感恩我们自己的运气，感谢别人所给予我们的，感恩生命，感恩宇宙，感恩我们自己，感恩我们自己所付出的一切，感恩我们自己所承担的一切，包括感恩我们自己所受的所有的辛苦。所以感恩是一种庆祝，庆祝本身就会产生这样的快乐的情绪。

感恩是一种转念。

举个简单的例子，你早上开车出门上班，路上非常堵。一般的人可能会去抱怨路上太堵，会抱怨前面的司机不会开车，甚至在最堵的时候，后面的一辆车还撞了你的车。一般人碰到这种事早就怨天怨地了，但是我们可以感恩吗？当然可以感恩。

如果你真的存有一颗感恩的心的话，你可以对自己说：今天真是太幸运了，我下车一看，原来车子没有多大的损伤，真是太值得感谢了。没有让更差的事情发生在我的身上，这一定是某种力量在保护我。

所以感恩背后的机制是一种转念，也就是去转化我们的信念。所以，如何看待以及解读这个世界是很关键的，这就是我们的信念，信念就是我们的头脑里给整个世界绘制的地图，是我们解读世界的捷径。因为一个人刚出生的时候，他是没有自己的信念系统的，它是在人的成长过程当中通过生活的体验产生的信念系统。

我们前面讲过，核心情绪中，负面情绪的比重很高。那么为什么我们的负面情绪的比例会那么高呢？很好理解，前文说过，我们的大脑机制的版本是在20万年前的丛林中产生的。那么如果有两种生物，第一种，充满了快乐、平和、感恩、喜悦、满足；第二种，整天感受到的是焦虑、欲望、更多的欲望、永不满足、紧张、扩张。哪种生物最终能够成为地球的霸主？当然是第二种。

如果把情绪比作一个方向盘，那么这个车辆习惯性的是往负面的方向跑的，因此我们需要习惯性地把我们的思想进行调节，让它趋于更加正向。

最容易引起情绪困扰的受害者身份的信念是什么？

比如说我们经常会有“我是对的”这种信念，或者“认为自己占据了道理”的信念，这种人很喜欢告诉别人“我做的这一切是为了你好”。

还有就是认为别人应该按照他的价值观来行事，仿佛这个世界大部分人认同的行为规则都应该是一样的，这些人习惯性会指指点点，也容易觉得世事不公。

还有一种常见的信念是托付心态，这种人认为“别人应该照顾我”。因为别人不喜欢自己就心生怨恨：因为老板不欣赏我，因为同事不照顾我、不让着我，我就难过。这是一种托付心态，其实仔细想想，别人为什么一定要这样对你呢？

转念中还有几种很深刻、常见的信念是我们需要去扭转的，包括没有可能做到，没有能力做到，没有资格。一些人会认为自己“没有可能做到”：我怎么可能有这样的成就，怎么可能做那么大的生意，怎么可能有这样的婚姻。这不可能，这些事情不会发生。“没有能力做到”：这些是有可能发生的，别人可以做到，因为我的能力太差了，所以我做不到。“我不配”“我不够好”“我不值得拥有这样的结果”，等等。

但是通过感恩我们可以转换我们头脑中的这个念头。这个世界上所有的事情本身是没有意义的，只是因为有了人、有了你的感知、有了你的判断才可能形成意义，才可能形成你对它的解读，产生相应的情绪。

所以我们只需要去留意我们自己的念头，同时去转换它，那就可以转换我们对世界的看法、观点，转换这个意义，情绪自然就转变了。

情绪问题中常见的衍生症状

第一类衍生症状是情绪的无法自控。

有的人发起脾气来，根本控制不住。一方面情绪的来源他控制不住，他们可以让情绪从一个很小的点上升到一个爆发的高度。另一方面，他们想停却停不下来，这是因为他的身体已经太习惯于这种情绪所释放的荷尔蒙了。同时当事人对情绪的觉知非常差，他没有觉察到自己在怎样的状态里，而是被这种情绪的惯性拖走。

在这种状态下，当情绪突然来临，会有很多躯体化的反应，例如：暴怒，呼吸急促，血压上升，肌肉收紧。最典型的就是智商下降。

这种情绪问题通常很有可能是跟家族成员有关的。一个过于强烈的情绪，很有可能并不一定是属于他，而是从他的家族成员来的，所以他需要去做一些交还情绪的练习。我们需要去增加觉知的练习，觉知和觉察就是让我们和我们的习性拉开差距。觉察的意思就是你需要去看见自己在怎样的状态当中，去看见这样的情绪是如何在控制你，然后你才有自由从情绪当中解脱出来。

第二类衍生症状是自我强迫。

自我强迫有很多的表现类型，包括强迫性焦虑，反复回忆。有的人是强迫思考，比如说在生气以后消化了三天都消化不了，情绪越积累越多，越想越气，越想越委屈。在积累的过程当中，不断在脑海中去放大这些痛苦的情绪。

自我强迫和第一种对情绪的后知后觉、无法自控也稍有区别。前面一种可能还是由事件引起的；自我强迫的很多情绪是没有事件引起的，只需要在头脑里去想，只要这些念头还存在，他就无法止息这些念头，无法止息这些情绪。

在第一种问题里面，我们需要跟情绪这种能量拉开距离。在自我强迫的这种问题里面，我们需要和自己的头脑、自己的念头去拉开距离，我们要看见我们的念头怎样不断地在那升起，同时不认同于它。

自我强迫的人，总是产生很多念头，然后就跟随这个念头而去。

这个人为什么不喜欢我？他怎么可以这样对我？他这样对我一点也不好。越想越气。本身没有什么事情是让你烦恼的，但是这个念头把你带偏了。一个念头衍生了其他的念头，一种情绪衍生了其他的情绪。很常见的，担心“我会不会生病”“我的孩子以后会怎样”……越想越焦虑。

这些都是因为你和你的念头贴得太紧了，你以为你的念头就是你，以为是你自己的思考，其实根本不是这个样子。你的念头并不是你。你的念头只是一种程序，一种机制而已。念头是可以转化的，我们需要去转念。当我们遇到问题的时候，我们去感恩，转化自己的念头，都是为了让我们自己不再被这个念头领着跑。

第三类衍生症状是自我切断和封闭。

前面两类倾向于去把情绪发泄出来、表达出来。第三类则倾向于不去感受情绪。因为感受情绪太痛苦了。尤其是在很多父母关系不好的家庭中，孩子培养出了一种生存策略，那就是让自己进入一种麻木、冷漠、不去听、不去感受的状态，借由这种状态来保护自己。对这些人来说，他们要做的功课就是对他的情绪说“是”，允许自己去表达这些情绪，他们可以表达恐惧，表达悲伤，表达愤怒，等等。因为这些情绪只是没有得到充分的表达，并不是它不存在，而是不允许被感知、被表达而已。

第四类衍生症状是恐惧。

恐惧是一种很宽泛的情绪。有人怕黑，有人怕鬼，有人怕死，也有人怕生病。未知本身就是一种恐惧。恐惧情绪之所以会变得那么大，那么严重，就是因为对未来的不确定性。所以最好的方法就是去接受最坏的可能性。

第五类衍生症状是担忧未来。

虽然有不确定性，但是又想要控制结果，想要安全。在这种状态下，他产生的主要的情绪是焦虑。其实焦虑就是恐惧缩小的版本，所以它们的应对处理方法也是类似的。

第六类衍生症状是无力感。

这些人认为自己的能力不够，都是外界的原因。所以他把很多的问题都归因于外。比如说我的父母对我不好，所以我现在的性格是这样子；我们的公司太官僚了，所以我没有晋升的空间；我的伴侣不够爱我，所以我的婚姻是这个样子……

对于归因于外的这些人来讲，他会产生很多的抱怨，去推卸掉责任。一方面这种做法可以让他感觉到轻松，另一方面让他产生这种无力的感觉。所以针对这类情绪问题，他用了一种策略来让自己感觉到舒服，但同时这个策略给他带来了很大的代价，让他失去了掌控。

第七类衍生症状是不接受现实，想要改变过去。

他们挂在口头最常见的词语就是“为什么”“凭什么”“为什么这件事没有像我想象的那样发生？”“为什么他不喜欢我？”“为什么你还要做这些？”“为什么会有这样的家庭？”“为什么会有这样的命运？”……

在这一类情绪问题的背后，当事人总想要去改变这些环境当中的人、事、物，改变现状。

问出“为什么”背后的意思是我不接受这个事实；我拒绝接受这件事发生，这些是不合理的，是应该被改变的。但其实有什么发生过的事情会被改变吗？根本不会。所以这些不接受现实想要改变过去的人是一种受害者的心态，是一种孩子对父母般的那种受害的心态。

还有一类人，因为无法接受曾经发生在自己身上的事，包括令他内疚的事情，很想去改变，不愿意接受“这个真的就是我做的，我愿意为此付出所有的代价”，而他并不愿意这样子。因此在这一类情绪问题的背后，他们需要对生命说“是”，对家庭说“是”，对命运说“是”。

当我们可以坦然地去面对过去所发生的一切，说：“是的，过去就是这个样子的，我接受、我同意。”你才能从过去的经历当中获取力量。

第八类衍生症状是关系中的冲突。

这类人经常在人和人的关系当中产生冲突。他看不顺眼的人特别多，只有和他的想法、价值观一致的人，他才会觉得不错，其他人他都觉得有问题。

这些人常常会冷眼看他人，对人有很多的评判和评价，有很多的反感和抱怨。价值观单一的另外一部分人，他们更倾向于认为是做“卫道士”。他对自我有很高的、完美的要求，同时不允许别人有任何的不完美。在这种情况下，那种清高的、不可一世的、完美的、洁身自好的感觉，给了他很强的自我欣赏和优越感。在他们眼里人就应该是这个样子的，只有这样才是正义的，只有这样才是好的，只有这样才是道德的。

第六种情绪问题里讲过，他们把自己的无力感归因于外，认为我自己没有能力都是外力所致。但是在第八种情绪问题中，这些人认为所有人都应该跟自己一样，但是他们没有做到，他们应该以自己为标杆，仿佛自己就是那个道德评价的中心。

因此这种人最常体会到的就是冲突，其次就是对他人的抱怨和鄙视。事实上他们需要明白，所有的人都是不一样的，你不能期待别人有你有过的经历，也不能期待别人有和你一样的价值观。所以你要允许在你的世界里有不一样的人存在。为什么会有很多人无法放下怨恨的那颗心呢？那就是在他的世界里、在他的价值观的取向里，不允许出现其他的类型。

第九类衍生症状是自我认同低，没有资格感。

这类人的自我认同低，没有资格感，自身的力量不够，担心自己的能力不够，担心自己没有办法应对，会产生很多的问题。最常见的就是内在的自我怀疑，容易退缩，公开表达的障碍，与人沟通的恐惧。这些人还有一个特点，就是很难发怒，很难拒绝别人，很难表达自己的界限。

对这类人而言，需要去做的功课就是去接纳自己、爱自己，需要让自身的力量回归；这些力量能够让他们表达自己的界限，表达自己的拒绝。

没有资格感的人跟别人起冲突的时候会紧张、会心跳加速、逻辑混乱，根本不知道该怎样处理，因为他内在的力量不够。只有当他能够真正地去接纳自己、爱自己、给予自己肯定、给予自己力量以后，才会明白说这个就是我，我可以和你是不一样的，我可以表达我的界限，表达我的拒绝，表达我的否定；至于你喜不喜欢，你同不同意，你高不高兴，那是你的事情，跟我没有关系。这就是力量。

第十类衍生症状是想要获得认同。

想要获得认同的人，总是很在意别人的评价，别人的看法，别人的观点。所以他们的情绪就很复杂化，因为他们的情绪是跟随别人的观点走的。

有一名学员是做销售工作的，他有一个习惯，一个人做销售时成绩是不错的，但只要旁边有同事在听或者观察，就会很紧张、不舒服、很纠结。他的潜意识里有一种机制，想要获得认同的人，把自己的力量、自己对自己评价的主动权都交给了对方，同时在不断地揣摩观察别人的眼色和意图，自己的情绪就像大河中的小船一样，一有风吹草动就开始颠簸摇晃。

这类问题的核心解决方法就是重新积累自己的力量，表达界限，让自己能够放下对别人的期待、别人的评价的那种渴望。为什么我们会那么期待别人来评价我们，赞美我们，认同我们？因为我们是通过别人的赞美、别人的认同来认同我们自己的。只是把别人的认同作为一种证据来证明，原来我是足够好的。它的本质还是对自我的不接纳。

以上就是十种情绪中常见的衍生症状。综合起来看其实是以下几大类的问题：

第一类是我们跟信念的关系。我们怎么样去看待自己的想法，怎样去转化念头？

第二是我们和自己的关系。我们是不是接纳自己？是不是自我认同？是不是内在足够有力量？是不是愿意承担命运的风险和责任？

第三是我们和他人的关系。我们想要去获得别人的认同，还是说我们之间有足够的界限？我是否尊重别人、尊重所有人的选择，而不是强加自己的价值观于所有人的头上。

第四是我们和世界、命运的关系。我们是不是从一个更大的角度去接受自己的命运，接受自己的成败生死，接受所有的结果？

所有情绪问题的背后，其实都是我们和自己、和世界、和他人之间的关系所带来的。如果我们想真正平衡自己的情绪，管理自己的情绪，就一定要明白情绪和我到底是什么关系。

我们曾经认为情绪是我的一部分，是我在生气，我在发脾气。其实它只是一个习得的过程，只是通过过往的一些习惯，外界的强化，内在的一些感知的强化，学习到的一种程序而已，它并不是你。

就如同你的电脑，电脑后台运行着很多程序，有的程序甚至你这个使用者都不知道。但是你可以选择把电脑的一些后台程序清理掉，你是有选择权的。

我们的这些情绪模式其实都是一种幼稚的固化程序，第一，它形成的时候年龄比较小；第二，它的改写比较困难；第三，它是一种非理性的思考，它并不一定符合你的最佳的利益。如果你是一个有足够智慧的人，你会明白很多场合底下，你所表现的这些情绪其实对你是没有用的。

所以我们能得出以下结论：一方面，我并不是我的情绪。当你的情绪来的时候，你不能认定这个情绪就是我，这个情绪代表了我。

情绪不应该是对你发号施令者，它不应该带走你的智商、你的智力、你的思考。当你把情绪当成你自己，当成你自己的一个主体的时候，你会让自己沉浸在情绪的痛苦当中，没有办法解脱。

另一方面，我们的头脑也不是我们的主人，头脑在没有觉知的时候，它执行的是旧的神经回路，只是一个重复的机器。我们需要明白快乐只是一种选择，而不是事情的结果。

头脑是一个极其可怕的工具，如果把头脑比喻成汽车，那么这辆汽车装了三个油门，但是没有刹车和离合器。因此头脑基本上是全自动的，24 小时都在运转，你平时根本没有办法控制它。头脑随时会冒出各种稀奇古怪的想法，并且推送到你意识的窗口。哪怕在睡觉的时候，头脑仍然在孜孜不倦地制造大量离奇的梦境。因此，与之相对的，我们需要培养觉知，也就是去意识到我们这个全自动的头脑的疯狂，并且不再跟随头脑喷涌而出的念头（这些念头被旧有的记忆和信念所限制）。所谓觉知，就是关照头脑，放下念头，这样才可以有新的选择。遗憾的是，现代人太高估头脑的价值和地位了，以至于我们误以为自己头脑当中产生的想法就是自己这个主人真正的意思。萨古鲁曾经说过，头脑的念头其实是一种潜意识的呕吐。我觉得，这个比喻能让你明白，头脑是你的工具，古老的工具，你用它，但是你不是它，不要百分百地相信它，如同你不太会百分百地相信你苹果手机上的机器助手 Siri 给你的所有建议。

同时，情绪并不是实相，我们可以感觉到我们在愤怒当中，但我们并不是愤怒。愤怒只是一种生化反应而已，它并不是我，我也不是愤怒，同时我也不是我的念头。情绪、信念、念头都只是我们内在的一种曾经自动、自发形成的机制，这种机制都是可以瞬间转化的，它是可以转换的，它不是主人。

你自己才是心灵的主人。这个自己是有觉知的自己。情绪只是一种指示器和驱动器，是提醒我们哪里有问题，而不是我们人生的决定者。你是主人，它是仆人。一个人所有错误的决定，基本都是在情绪很差的时候做出的。跟随着你的情绪，有可能会做出让你最后悔的事情。

情绪和我们的觉知、觉性是对立的。当我们的觉知越敏锐、越深刻，我们越能够看见情绪的这些习性，越能够去转化它。觉知和觉察，就是你能够真正地意识到我们平时的哪些行为是下意识的，是一些自动的反应。下意识就是没有意识到，是一种习性，一种习惯，一种自动反应而已。

当你的心灵成长的境界越高，你的觉察越敏锐，觉察到的程度也就越深。所以觉知是可以逐渐递进的。

比如你经常对自己的孩子发脾气，当你去觉察的时候，你会发现什么呢？会发现因为他的不听话引起了你的情绪，发现你对你的孩子有很多期待。他不听话、做错事的时候，这些期待仿佛没有办法满足了，你觉察到你对他的期待引起了你的情绪。

更深一层你可能会觉察到，孩子不听话的时候，你不光生气，你内在也有很多的委屈。你觉得你做了很多事，孩子却不理解。所以你对他的情绪中有一部分是这种委屈所造成的，这层的觉察就比刚才那一层更加深刻了。

当你的觉察功力提升了，你会更深地觉察到，你的父母有可能也是一样，从来不理解你，只是对你生气。你发现你对孩子的模式跟你父母对你的模式会很像。你可能会发现这个情绪是你的家庭系统带给你的。

甚至你对孩子的未来有很深的恐惧和焦虑。你害怕没有办法控制孩子的未来，害怕孩子的未来有风险。所以这个愤怒、生气是来源于对未来、未知的恐惧，你觉得自己的能力没有办法去平衡，没有办法去战胜这种恐惧。

你的觉察对于一种情绪而言，并不是单一的，而是可以越来越深刻的。有觉知才可能有新的选择和决定。同样的一个问题，你可以在不同深度的层面做清理。但是前提是你觉察到了才能做到。如果你自己都看不见，你根本没有办法去做处理。

【练习：觉知】

在生活当中我们怎样去练习觉知呢？我们需要带着觉知去生活，带着觉知地行、住、坐、卧，始终保持着对自己身体的动作、思想念头、感觉情绪的觉知。

我们都有这样的经验：一边走路一边想事情，走着走着自己就被头脑带走了，其实已经离开了当下。

带着觉知走路，就是你知道每一步、每一个动作，你的手的位置、腿的位置，你知道自己在迈步，感知到脚和大地的接触，你所有动作的细节都是能被感知到的。

有人可能会觉得，我这么走路好累，有什么用呢？当你习惯了带着觉知练习的时候，你脑袋里面有一个念头升起来，你的觉知会丢掉，你就会忘掉手的动作。这下你马上就意识到我的念头把我带跑了，然后你就会回来。

带着觉知地走路，目的是让你能够对你头脑里所有的念头，所有的头脑里面的动静、变化都非常敏锐和敏感。

带着觉知地吃饭就是你每夹一道菜，你手部的动作你是很清楚的，你哪只手端着碗，感知到接触，感知到你夹到菜，感知到你的手慢慢地抬起来，感觉到你的嘴张开，感觉到你在咀嚼在吞咽。每一个细节你都是带着觉知去看见的。

现在你可以从头到脚做一下扫描，去看看、去感觉一下你身体的各个部位、肌肉、器官，哪里是紧张的，哪里是放松的？你头部的姿势是怎样的？你手部的动作又是怎样的？当你安静下来的时候，你是不是会注意到，在你的头脑里有怎样的念头，怎样的情绪升起？

当你发现自己有情绪的时候，你可以让自己冻结在这个情绪状态当中几秒，甚至可以去强化这种情绪给你带来的躯体的反应，也许是紧张，也许是呼吸的急促，你可以去体会这种状态。

然后问问自己为什么会有这样的反应？我有这样的情绪，是我内在有怎样更深的需求和原因，我在恐惧什么，我在担心什么？我是在主导情绪，还是被动的一些习惯性的反应而已？然后你可以告诉你自己：我不是我的情绪，我不是我的念头。然后做个深呼吸，再将觉知带回到自己的身体。

现在的你带着觉知了，你看见自己的情绪，然后你停下来问问自己：我想要什么？我为什么要去追这个东西呢？

我们面对自己情绪问题的时候会很急躁，总想用很快速的方法把它解决。但是这个练习要求我们让自己的心静下来，能够去觉察到每一个细微的动作，觉察到自己在每一个状态底下的面部表情。你自己的脊柱是直的还是弯的？你自己的身体是紧张的还是放松的？你的呼吸是深长的还是肤浅的？你的身体哪里习惯于紧张？哪里有疼痛？你可以去问问这个部分，问问你身体疼痛和紧张的部分，这个部分又想表达怎样的一些诉求和情绪呢？

第四章

负面情绪背后的潜台词

我们每个人都懂得负面情绪对我们是不好的，但为什么总是没有办法摆脱它呢?

明明知道打游戏上瘾不好，明明知道拖延不好，明明知道发脾气不好，明明知道胡思乱想不好……但为什么克服不了呢?

我们必须看一看困扰着我们的情绪，它背后其实是有一定动机的，每个负面情绪其实都是在暗示我们。当我们没有去发现、认知它背后的这些潜台词的时候，我们很难直接清理掉这个负面的情绪。因为就算我们清理掉这个情绪了，它背后想要保护我们的意图还是没有达成，还会有新的情绪升起。

为什么有人一犯错误，他就会手足无策，僵在那里?因为这种僵住给他带来一些好处，比如他变成冻僵的模式的时候，父母会过来帮助他。

为什么有的人倾向于暴怒呢?因为好好说的时候，没有人愿意听他的，暴怒的时候，才会有人在意他，他才能够掌控住局面。

为什么有的人就是喜欢抱怨呢？因为抱怨别人可以让自己感觉没有太大的压力，让自己觉得自己没有错……

这些情绪其实是一种自我保护：减少犯错的风险，减少进一步挨骂的风险，所以每一种情绪都是有它潜在的认知价值的。

很多人在面对选择时会有拖延症，想学习如何摆脱这种心理障碍但是又总是做不到。其实，他没有看见拖延背后的心理动机：拖延在保护你，保护你不失败、不受伤害，保护你能够有足够多的安全感，帮助你减少面对的焦虑。

每种负面情绪都在暗示你

第一，愤怒。

那么，愤怒的心理动机是什么？愤怒是集聚力量，以改变曾经无法改变的事情，所以愤怒是让我们有力量说“不”，是让我们拒绝的。

有的人经常发怒，是因为他觉得用这种方式可以让对方顺从他，能够操控局面。容易发怒的人其实不太愿意去接受不同的结果，他很想达到那种特定的、可控制的结果。

愤怒背后其实隐藏的是恐惧，是接受其他可能性的恐惧。所以如果一个人能够去随顺命运的安排，他就没有发怒的理由。

第二，恐惧、害怕。

恐惧和害怕背后的心理动机是去保护，防止伤害和失去的发生，也就是想要安全，想要自我保护，逃避失败。如果说愤怒是动物的本性当中进攻的动力的话，那恐惧就是动物本性当中逃跑的动力。逃跑并不一定是坏事，是让我们生存下去的方法。

第三，焦虑。

焦虑担心背后的心理动机是想要完美地处理、防范风险，但是资源又不够，所以产生了焦虑。你一方面想要控制结果，想要消除不确定性，想要唯一的答案；但是另一方面感觉到自己的能力和资源对未来的保障又不够，没有办法避免这种可能性发生。你的意识和潜意识冲突了，所以，焦虑本身是想要带给你足够的安全感和足够的完美和可控性 。

第四，内疚、后悔、惭愧。

内疚、后悔、惭愧的心理动机都是想要弥补过去的不平衡。有可能你曾经犯了错误，曾经亏欠了一些人，自己想要改变这个结果。但是这个结果又不是自己想改就能改的，过去的事情又没有办法挽回。

那么怎么去平衡自己内在的这种动力呢？于是就用内疚的情绪来平衡。内疚、后悔会让自我造成损失，让自己增加负罪感。所以它是一种内在对自我的审判，也就是我曾经做了一些不好的事情，但是没有办法去平衡它，没有办法去改变它、处理它，所以在内在的良知层面，用内疚来平衡。

内疚、惭愧、后悔是对过去不平衡的弥补。当然，这种情绪平衡的机制并不是最佳的方式，我们可以用其他方式去清理它。

第五，失望。

失望背后的心理动机是不想接受这个结果，但又无能为力。所以对自己失望就是不接受自己，否定自己，觉得自己不应该这样，但是没有办法。想要优秀、想要更好、想要不犯错误，但是没办法，现在已经不能回头了。

也就是你想要去操控别人的企图失败了。你想要改变这个结果，但是没有达成。所以失望的本身是想让你能够操控自己，操控人、事、物，但是没有达到，无能为力。

第六，委屈。

委屈也就是你认为应该更好地被照顾，更好地被认同，这是一种托付的心态，是对父母的一些情感，一种投射而已。当一个人感觉到委屈的时候，会觉得自己比较小，对方比较大，对方应该给你很多的东西，但是他没有给，所以产生了委屈。因此委屈的正面意义，是表明你在乞求比你更大的角色的关爱、疼爱，想要一种单向的给予。

第七种，嫉妒。

嫉妒就是你高我低，但是我不愿意比你低，我想要比你更优秀、更好。

第八种，恨。

恨也有心理动机吗？恨也有。在战场上，你需要看到你的敌人，恨就会让你拥有摧毁的力量，无惧的力量。

但是如果你非常恨身边的人，而不是恨一个战场上的敌人的话，你会怎么样呢？所以恨往往就是你想让别人不得好报，但最终却是你吞下了毒药。

曾经有一位学员向我提问，他说他对一个人一直有深深的怨恨，因为高三的时候和他发生了冲突导致休学。几年过去了，一提起这个人还是充满了恨。他不知道做些什么才能化解。

我们需要留意到一点，当你怨恨别人的时候，你只是把这个责任推卸给了对方，你认为是他的原因造成了结局。但其实你忘了另外一点，并不是所有人在当时的情况下都会和你一样造成同样的结局。

所发生的事件的对错道理其实不大重要，重要的是，你的未来有没有变得更好。如果你抓住了一个所谓的道理、正义、理由，但是你现在和未来的生活变得更差的话，不断地指出这是谁的错没有任何意义。就如同，哪怕有人故意把你推进了泥潭，你不需要站在泥潭里每天抱怨而不出来，或者爬出泥潭后此生的目标就是盯着找到真凶。你生命品质的好坏超过了事件到底谁对谁错的判断。

所以，这个结局你至少也需要承担50%的责任。因此，你可以想象你闭上眼睛看见这个人，你说："在高三的时候，我们曾经有很多的冲突，我休学了，我很生气，我很讨厌你。但是现在我看见在这个事件当中，我也需要承担我的责任。同时我已经携带着这个怨恨太久了，对我并没有好处。出于这个原因，我愿意放下怨恨，我愿意选择宽恕。因为我想要宽恕我自己，因此我也宽恕你。"然后做个深呼吸，想象着把这些怨恨用光，把它清理掉。

每种负面情绪背后都是在提醒我们，我们内在有一部分没有得到满足，我们在渴求一些什么。

负能量的身份原型

很多负能量的集合体，它有一些身份的原型，可以形象地看见自己经常处于哪种负能量的情绪状态，帮助你显性地觉察。

第一种负能量的身份原型是受害者。

例如祥林嫂，她不停地重复着自己的可怜，想要吸引关注，逃避责任。受害者往往有一种症状获益。他在看上去的可怜里获得了一种利益，那就是他可以忽略自己的责任，把所有责任都推给外界，同时获得别人的同情。

第二种负能量的身份原型是隐士。

他觉得世上的一切跟他没有关系。他想要逃避现实，切断沟通，沉浸在自己的世界，他认为自己没有时间去感受，仿佛这个外在的世界不再跟他有关系。做隐士的好处，就是可以把自己保护起来，因为外在的世界、外面的人实在是太复杂了，他们有很多的不确定性，不安全感。与其去面对这些，不如让自己缩回到自己的小洞里面去。

第三种负能量的身份原型是孩童。

他们会倾向于讨好身边的人。因为当你讨好别人，别人会喜欢你。同时因为他自己是无助的，无力的，他们到处寻找关系，寻找爱，对爱成瘾，寻找那些力量比较强的人的支持、认同。他总是觉得我不够好，我做不到，我没有可能，我太弱了，我希望他人能够认同我。

第四种负能量的身份原型是公主。

他们傲慢，鄙视一切，有天生的优越感，总觉得自己是对的，不愿意看到自己的无能和过错。

第五种负能量的身份原型是奴婢。

他们觉得任何人都比我更重要，任何事情都不要让我出头，我只要安安静静地把大家服务好就可以了，我牺牲掉我自己。

第六种负能量的身份原型是自大狂。

自大狂们想要掌控一切，他们认为自己永远是对的，他们要掌握那些道德的高地，有完美主义的倾向。

第七种负能量的身份原型是流浪汉。

流浪汉们很抑郁，他们担忧、恐惧，有很多不安全感，觉得自己没有办法去承担一些东西，总是很小心翼翼，觉得世界很危险，对任何事物的看法都是负面的，相信坏的事情会发生。

以上就是负能量里面的心理动机和负能量的几种身份原型。每个人都可以对照一下，你更倾向于哪一个角色？在你的情绪背后，心理动机又是什么？

要拥抱我们的负面情绪，如果把负面情绪当成洪水猛兽，你是没有办法改变它的。因为每一个负面的情绪背后都有它所代表的心理动机。很多书上都说，让我们接纳自己的情绪。接纳情绪，就是接纳情绪产生的动机、原因，你可以去感受你的负面情绪想要给你带来的信息。当这一动机得到解答以后，负面的情绪也可以得到放松和消除。

当我们掉到情绪里，我们需要往后退一步，看见自己所处的恶魔状态，看见我们自己在怎样的情绪里面挣扎，这样我们才可能产生觉知和觉察。当我们没有办法去看见这一切的时候，我们跟那个内在的心魔、内在的负能量其实是合体的，你没办法拆开它。你看见自己是如何被这种隐藏的快感所控制的，你才能够从中解脱出来。

那么我们怎样同时去运用刚才所讲到的负面情绪的心理动机和负面情绪的身份原型呢？介绍一个拥抱负面情绪的冥想练习。

【练习：冥想】

首先，你可以找到一个自己想要处理的负面情绪，愤怒、焦虑、恐惧、担心等，或者是你平常容易陷入的一种身份状态。

然后去回忆你的情绪，这些情绪通常都是在怎样的场合会冒出来呢？在你的过去又曾经发生了怎样的一些故事？这些情绪模式，这些身份的原型，是不是一次又一次地出来提醒你？

接下来你可以看着它，看着这个很忠诚很古老的情绪机制，告诉它说："谢谢你，我亲爱的情绪。我看见你想要带给我的正面动机是……谢谢你想要为我做的。我曾经那么抗拒你，但是现在我允许你的存在。谢谢你，我爱你。"

闭上眼睛去拥抱它，去感觉负面情绪看上去那么丑陋的外表，但是它的内在有很深的善意，和对你深刻的爱。

拥抱你的负面情绪的时候，去想象，你可以看见这个地球上的每一个人，在他们的身上都有不同的负面情绪。每个人都有相同的机制，这些负面的情绪都用某种方式在提醒它的主人，在保护他。

当你看到这些，可以做个深呼吸，对它们说："谢谢你们。现在我看见了，我接受你们想要保护我的意图。谢谢你们。同时我也可以用一种新的方式来保护我自己，也请你们放松。”

然后你想象你接受这个正向的意图，而后找到一个新的方式来实现正面的意图。

想象你看见你的负面情绪，现在可以放松了，也可以释放了。

最后做个深呼吸，慢慢地睁开眼睛。

第五章
反转情绪的策略和方法

反转情绪和改变情绪的方法，基本上可以用四个字来概括，分别是观、动、转、建。

第一类方法是观。

“观”就是觉察和抽离，让你和情绪产生分离。在生活当中运用觉知的方法就是“观”，观就是让自己在抽离的观察者的位置，能够看见自己所处的情绪模式，看见自己是怎样在其中受苦的，看见情绪在向你表达怎样的意义，看见情绪是如何形成的，看见你是如何反复掉在这样的习惯里面的。

有一女学员纠结于收到心仪男孩的表白却迟迟不敢接受，因为她不确定男孩是真的喜欢她，还是因为别的原因，比如同情她长相平凡不被注意，甚至是好奇她这种普通女孩的世界才来表白的。

问题就出在，她在心里否定自己，觉得自己配不上被男神级别的男孩爱慕，觉得自己不值得。这时候如果她能“观”

自己，看见自己的消极情绪是如何形成的，过去的什么经历和评价让她形成了这种自卑的情绪，与事实互相观照，她就能发现是自卑让她忽略了自己身上有很多值得被爱的地方，当然也是自卑让这个男孩在她眼里多了很多高不可攀的优点，而这也许并不存在。

在“接受与实现疗法”（acceptance and commitment therapy，简称 ACT）中很重要的一步就是要引导来访者放下我执，也就是放下对自我概念的执着，从第一人称的经历的自我（情境性自我）的视角，切换成抽离的、观察的观察性自我的视角。

● 比如：让来访者想象一个无限延伸的棋盘上摆着对阵的白子和黑子，分别代表了积极体验和消极体验。让来访者去想象自己并非其中的棋子而是作为背景的棋盘，其实可以有痛苦的记忆和不好的想法，而且可以让黑白子的战斗继续。由此来访者对自我的认识，从被各种标签概念化的自我，转换成为背景的、观察性的自我。

● 由此，来访者可以明白他并不是他的念头、想法、观点，由此产生了一种内在的抽离和解离，因此可以获得额外的智慧和放松的情绪。

第二类，动

“动”是通过你的身体、通过节律，包括一些经络的敲击来改变情绪。引爆我们的情绪，就是让左半脑过载，包括我们练习中的乱语静心和伏虎呼吸法，都是通过一种尽量不需要思考的方式去把情绪的能量清理掉、释放掉。

比如：本体治疗、舞动治疗、脉轮舞、生物能呼吸、葛吉夫律动、苏菲旋转都是此类的方法。

第三类，转

转的方法，就是让你的意识认知头脑发生变化，最终达到情绪为我所用。比如说一念之转等信念转换的方法。

第四类，建

也就是重新建立神经体验。我们讲过，情绪产生的原因是大脑分泌的荷尔蒙，大脑产生的认知，我们对未来的预期以及对事件的定义，所以通过改变情绪需要去改变大脑内部的体验、感知，而不需要去改变事实。

好消息是，大脑其实不会区分事实和想象，无论是想象的经历，还是通过真实经历产生的觉知，都能够让大脑的相同部位引起同样的兴奋和活跃。比如，有时候你会梦到自己飞起来了，经历了很多很奇怪、很奇幻的事情，但是在梦境里，你百分百地相信那个是真实的。

不知道你们有没有做过类似的梦，在梦里，你反复确认自己是不是在做梦，最后得出来的结论，你真的不是在做梦。你在梦中的所有感知都告诉你这是真的。所以说，大脑其实并不区分什么是想象、什么是事实。对它而言，它的内感官、内视觉、内听觉所经历的一切，都会起到作用。

虚拟现实技术（VR）就是一个实证，头脑本身已经不区分事实和想象，让一个人长时间地生活在虚拟的世界里，他的头脑会对这种虚拟世界更加依赖。前面的章节中提到过，在小白鼠的脑袋里装设一个电极片，让它产生兴奋愉悦的感觉，当小白鼠去踩开关的时候，就感到很快乐。同时它就不再吃东西了，因为电极的刺激给它带来的快乐，超过了吃东西的快乐。

但是对大脑而言，它能够经历到的就能够产生相应的体验、相应的意义。所以神经语言程序学（Neuro-Linguistic Programming，简称 NLP）里面的很多方法，构造化联想法（Structured Association Technique，简称 SAT 疗法）、叙事疗法或者其他流派的心理治疗技术，背后的原理都是让大脑重新经历一种新的体验，通过这种体验让我们的神经记忆得到改变。

我们的内在体验和信念价值观、情绪捆绑在一起，它可以通过任何的一个环节来改变这个能量混合体。

很多人发微信，对方不回复就很生气，认定对方不重视自己。

为什么？因为你脑子里在幻想，幻想对方故意不回，他冷落你、怠慢你的时候，自己却逍遥快活。所以，并不是“不回信息”让人愤怒，而是你头脑里衍生出来的戏剧、画面，那些对方故意不回的神情，让你愤怒。

这就是“自动的念头流”。你内在有个洞，觉得自己其实并没有那么好，别人尊重你的时候，你就会满足。

圣多纳释放法曾经讲道，人有三大基本需求：想要认同、想要控制以及想要安全。我们内在非常渴望获得别人的认同，很在意别人对我们的看法，所以这种认同就会去解读一切的事件，产生情绪。解除掉这些，最简单的方法就是重塑自我的价值。

当你给自己很多的赞扬、肯定、赞美，接纳自己的不完美、爱你自己，就不会觉得别人的认可很重要，别人的尊重很重要。

所以我们会认为情绪不是实相。有人打了你一巴掌，这个叫作事实。你会生气因为这是真实的。但是很多情况下，你只要想到有个人曾经打了你一巴掌，或者你想到有个人可能会欺负你，也同样会生气。那么，这种生气的原因是虚拟的还是现实的呢？

如果头脑里的一个想法、一个念头可以让你的情绪产生变化的话，那为什么不去设计一个方式让你重新去经历一种新的感知，让你能形成新的情绪反应模式呢？这种方式就是我们所讲的改变情绪策略方法里面的第四种“建”，也就是神经体验的重塑。

我们曾经认为我经历的事情就是事实，你以为你小时候经历的那些真的是事实吗？有的人很憎恨他的父亲母亲，觉得他们在自己小的时候经常吵架，有时候打你。其实还有更大的事实没有被看见，你没有看见他们养活了你，没有看见他们把你养到 20 岁、30 岁。在几千天一万天的时间里，他们打你的次数有几天呢？可能不到十天。你只是把一条时间长河里的一小段截取出来，并且把它放大，赋予了特别的意义。难道这是一个事实吗？这只是一种解读、一种放大、一种扭曲和删减而已。

所以我们一定要有一个概念，头脑里所经历的一切，只是头脑对某些记忆的抓取而已。情绪不是实相，“情绪不是我，念头也并不是我”，改变情绪的四字箴言就是观、动、转、建。

用“如果框架”反转情绪

我们想要改变情绪、反转情绪，但是这里存在一个对抗的机制。

你一定体会过失眠，体会过一些强迫症行为。你越想去对抗你的失眠，结果你的失眠会越来越严重；你很想把一些事情做好，往往就做不好；你越想在某些人面前表现好，在一个重大的场合表现得优雅、得体，你越紧张。

为什么我们有一个意图，但是相反的阻抗反而会升起呢？这就是潜意识里面隐藏着的一种对抗机制。每当你产生一个想要改变的念头，同时就会升起一个抵抗。你说我一定要改变，潜意识就说：万一改不了怎么办？万一做错了怎么办？失败了怎么办？

因此，一个人并不是自己想要乐观就能乐观的，在心理治疗的技术和方法里，必须要有能让你的潜意识平息下来，让你的潜意识和意识搭配起来的方法。

破除这些情绪反转、阻抗的第一个策略，就是利用“如果”这个框架，利用“如果”这个发问。

我想要改变焦虑，我不想要再紧张。我想要睡着，不想要失眠。这些决定意味着我们停留在一个“问题”的框架和范畴中，仿佛我们踩在一堆问题中说，“我不想在这个里头”。当你说这句话的时候就意味你就在问题里面。

弗洛伊德讲过，语言和魔力是一回事。所以我们要去发展处理情绪的语言结构。

比如我们用一个新的语言框架，它叫作“如果框架”。在“如果框架”里，我们不去讨论“我不想在这个问题里，我不想焦虑，我不想愤怒，不想悲伤”，我们问的是“如果”，是直接到达未来的问题。“如果我放下了这个念头，我会怎样？”“如果我现在能够放松，我会体验到什么？”“如果我现在解决了这个问题，那我会是怎样做到的？”……

这个“如果框架”是根据我们大脑的策略来设计的，它直接进入新的假设，直接去经历新的神经经验。我们不再讨论到底能不能做到，如何能做到，谁来帮我们做到，而是讨论“如果做到了会发生什么？”

大脑不区分现实跟虚幻，它可以直接经历成功的感受。从问题到解决方案，肯定有一条路径，我们想要去思考这个路径。但我现在要告诉你，我们可以不考虑这个路径，直接到达目的地。

比如上台演讲，你非常紧张，手脚发抖。你可能会告诉自己说千万不要紧张，我要用一些方法让自己放松下来。

但是，当你把自己看成一个问题，想要找到解决方案的时候，这个过程太长，而且你会产生情绪的阻抗，紧张会加倍。

这个时候你用“如果框架”，直接跳到未来想要达到的愿景、达到的目标，你直接问自己：“如果在 1 万人面前，我放下紧张，那样的话现在我会体会到什么？”

你只是做一个假设：如果在 1 万人面前演讲，我体会到的是放松、快乐，很轻松。那么继续问自己，这个时候我的肢体会是怎样的？我的情绪会是怎样的？我的呼吸会是怎样的？我会如何表现呢？你的大脑直接进入到了你想要达到的状态。这就是 NLP 里面破框的一个强有力的策略。

比如，你的下属有一件事情没有做好，他很挫败。一般人总会去传授各种各样的方法，教他怎么样提升自己的短板。但是如果你明白“如果框架”的话，就可以去问他说：“我看到你现在非常沮丧。你可以假设一下，如果你现在可以放下这个沮丧，会是怎样一种状态？你的身体会是怎样？你会体验到什么？你会相信什么？如果保持这种状态，你在未来会感受到什么？”你甚至可以问他，“我看到你现在很沮丧，但是你觉得对你最有帮助的状态是什么？”

他可能会说：“对我最有帮助的状态是放松。”你不用任何的过渡，直接用一些发问把他拉到未来的目标状态里面。

人是一种能量的混合体，我们的情绪、信念、对未来的预期、记忆，是混合在一起的。当你直接把他拉到未来的状态里，他的情绪已经变了，他的信念、身体状态、对未来的预期，都会变。

还是那个不敢接受心仪男生的女孩，她的问题也在于内在的自我评价感太低了，要做接纳自己的练习，就告诉自己说：“如果我和这个男孩在一起，我很开心轻松的话，我们的相处会是如何？如果我完全地爱自己，我会如何对待他？如果我们相处得很棒，那有可能是发生了什么？”在这种放松的情绪里，她会发现原来自己是那样可爱，她有资格变得越来越好，每天都会变得越来越好。

记得，要把你那个全自动的、装有三个油门的、负面情绪思维导向的大脑有意识地纠正到正向的轨道上来。

破除情绪反转阻抗的第二个策略，就是运用间接反转法来处理情绪的反转和信念的反转。我们说过，潜意识有一个机制，就是你直接想要去改变你的问题的时候，它会升起一个阻抗 。

如果你很焦虑，焦虑到每天失眠，你对自己说："我再也不想要失眠了。"那意味着你内在的部分必须要分裂成两个部分，一个部分是意识，它很想好好睡；另外一个部分正在经历失眠的痛苦。

当你想要直接反转一个问题的时候，你的内在能量必然会分裂，必然产生冲突。一产生冲突，反转的阻抗就会产生。用这种方式直接做情绪和信念的反转，是不符合潜意识结构的。我们需要用一个策略绕过潜意识的防卫，比如间接反转，它的前半部分是接纳，后半部分是反转。

语言和魔力是一回事情，我们的信念和潜意识，是通过语言的逻辑方式呈现的。例如，你觉得自己很焦虑，常规方式就是你对自己说："我不要焦虑，我要快乐。"但是当你这样做的时候，你的内在就分裂成两部分产生冲突。

但是我们换一个方式，我们用间接反转的方式。我们说："我接纳我的焦虑，即使我永远焦虑，我也可以爱自己。"当你这样说的时候，焦虑就不再是一个问题了，你的内在就没有对立和冲突了。

接下来你进行反转，你可以说："这是属于我的焦虑，现在我允许自己释放焦虑，让焦虑的能量可以自由。"

当这两句话连起来，就是："我接纳我的焦虑，即使我永远焦虑，我也可以爱自己，这是属于我的焦虑，现在我允许自己释放焦虑，让焦虑的能量可以自由。"当你用这个句式的时候，你可以绕过你潜意识的阻抗，通过间接反转的方式，潜意识可以接纳。

但是在间接反转策略里有一点，你的潜意识是没有办法被欺骗的。如果你说我接纳我的焦虑，你必须发自内心百分百地真正接纳它，间接反转才可以起作用。

如果你根本就不想接纳你的情绪，你只是想要骗自己，那它是不会起作用的。

【功课：用间接反转法做自我接纳】

1. 每天对着镜子里的自己，看着自己的眼睛，叫自己的名字。

2. 看着镜中的自己，就像看见一个别人，去感觉你自己对镜中自己的评判。

● 关于外貌、优缺点、各种评价。

● 表达出来：你好丑，你好贪婪，你真没用。

● 把负面的词语改写成“不 + 正面的词语”，比如，“虽然我很笨”，改写成“虽然我不够聪明”；“虽然我很胆小”，改写成“虽然我不够胆大”。

3. 用双手掌、手刀点相互不停敲击，手刀点是在后溪穴的位置（后溪穴位于微握拳，第 5 指掌关节后尺侧的近端掌横纹头赤白肉际。具体在小指尺侧，第 5 掌骨小头后方，当小指展肌起点外缘），敲击和说话的时候仍然看着镜子中的自己（放松呼吸，带着微笑）。

● 我无条件地接纳我自己，爱我自己，虽然我有……的缺点。

● 我无条件地接纳我自己，爱我自己，无论你做过什么，我都会一直支持你。

● 我无条件地接纳我自己，爱我自己，我接纳你，你是我生命的一部分。

● 我无条件地接纳我自己，爱我自己，我会把你放在我的心里并和我融为一体。

● 我无条件地接纳自己，爱自己。我无条件地接纳自己，爱自己。我无条件地接纳自己，爱自己。

4. 做一个深呼吸，微笑着看着镜子中的自己，然后可以给自己很多的鼓励、嘉许、赞扬、肯定。

5. 闭上眼睛，想象对面的自己一点点走近，直到两人心贴着心，最后完全合为一体。

方法篇

第六章

瞬间转化情绪的方法（一念之转）

拜伦·凯蒂的“一念之转”中有四个问题，即：当你有一个痛苦、困惑或情绪的时候，第一，问问自己那是真的吗。第二，你百分之百肯定那是真的吗？第三，当你持有那个想法的时候，你会如何回应？第四，如果没有那个想法，你将会是怎样的人？

“一念之转”松动情绪信念的设计，运用的是对原来的想法和念头的怀疑和质疑，然后通过这个怀疑和质疑产生新的洞见和观点。同时，一念之转的练习里面加进了“如果”的问题——“如果没有那个想法，我会是怎样的人”。它其实是有个“如果”的框架在里面。

这里我给大家介绍一个新的方法，叫“新一念之转”，我在老的方法的基础上做了大量的改良，重新设计了问题结构，因此它是一个全新的方法。在“新一念之转”中，我们直接从问题状态跳到解决状态，不用去管怎么实现的过程。跟一念之转比起来，这个方法不会过多地纠结思考问题到底是怎么回事，也就是更少地运用逻辑推演。

在 20 世纪 50 年代，埃利斯创造了“合理情绪疗法”，它的基本理论主要是 ABC 理论。埃利斯说，人的情绪不是由某一些诱发性事件本身所引起的，而是由经历了这些事件的人对这事件的解释和评价所引起的，其实这跟我们所讲的观点是一致的。

并不是一件事情引起了这样的情绪，而是你自己对它的看法、评价、观点，引起了这样的情绪。

人们对事件的解释和评价会引起情绪，也会决定我们产生怎样的情绪。我们的观点影响情绪、决定情绪，同时情绪也决定我们的观点。SAT 疗法认为人的身体状态决定了情绪。我个人则认为人的状态影响了他的认知和信念系统，两者加起来才会影响情绪，同时这个情绪产生以后，又对你的身体能量状态产生影响，所以这是一个循环。

比如我们的家庭中发生一些不愉快，导致我们很生气。这个时候，事件产生了，我们感觉到委屈、不公平，身体也觉得被卡住了，肩膀沉重，眉头皱在一起。这时候，我们对未来的预期都会是不好的。

你的心情非常差，身体状态也是差的。你用这种状态碰见你的同事和上司，而这也很有可能影响你对一些事件的判断和观点。如果你发现上司今天脸色很难看，你千万不要去汇报工作，因为当他情绪不好的时候，他对你所报告的观点、你的表现等，都会有不好的判断，这个时候你去见他，遇到责骂、批评的概率会增加。

A 事件引起了你的情绪状态不好，不好的情绪状态影响你对 B 事件、C 事件的看法。破除这种恶性循环最简单的方法，就是当 A 事件发生的时候，你有了一个不好的体验、不好的情绪，处理其他事情之前，你需要将这种不好的情绪状态转换掉，做一个念头和身体状态的转换。

的确，一些事件的发生会让你感觉到愤怒、压力、委屈。但你可以问自己一句话："怎样的状态对我接下来要处理的事件最有利？"所以你问的是你需要怎样的一种状态，需要怎样的情绪，怎样的信念，这是一个百分之百需要你自主选择的过程。

也就是，之前你碰到一个问题，你可能会有自动的程序反应，会重复地调用相同的模式。现在你碰到一个问题，你会主动地去选择启动不同的程序来应对，而这个选择有可能是更好的选择。

新一念之转的使用流程

首先，找到一个事件。

比如，你和同事吵了架，你感到心里很压抑；有人看不起你，说你的坏话，你感到很压抑、很愤怒……可以先找到一个事件，去感觉这个事件对身体状态的影响，你可能觉得胸口被堵住了，眉头皱起来了，拳头也捏起来了……

你的心里有委屈，有愤怒，有压抑。

觉察到了这个状态以后，你要问自己第一个问题，这个状态对我有帮助吗？一般来说，大部分人的回答都是“没有帮助”，所以你需要把呼吸带到自己身体拥堵、紧张的地方，让自己稍微放松一点，并且决定改变这个状态。

百分之百地决定改变，非常重要，这意味着你已经启动了自己有意识的觉知。

第二，我希望能够拥有的是一种怎样的状态？

在之前的状态中，你的身体呈现出一种条件反射的反应，是一种愤怒、压抑的情绪，包括情绪底下升起的信念——你觉得别人都在欺负你，别人都在害你。所以现在，你在一个抽离的观察者的角度，问问自己：“我在这种和同事的争吵中，希望拥有怎样的状态？”你可能会说：“我希望拥有的是一种智慧、包容、幽默的状态。”

第三，假如我拥有这种新的状态，我会体会到什么？

“假如我感到自己很智慧、很包容、很幽默，这个时候会体会到我的身体的呼吸是放松的，我的嘴角也是放松的。”除此之外你还会感觉到什么呢？是不是对方说的话，奚落的语言，都让你觉得很可笑？仿佛是一个小孩子在向另一个比他更好的人表达他的嫉妒。

同时你可以问自己，这时候的你会怎样去做？你可能会说："如果在这种状态下，我可能会很幽默地跟他开个玩笑让他能够放松一点。哪怕他对我有语言攻击，我也会笑笑就了事。"所以在这个阶段，我们已经调整了自己的状态，找到了行动的方向。

第四，带着新的状态去行动。

你感觉到自己轻松地呼吸，带着微笑，带着幽默、豁达、包容去行动，这时候你可以找到让你感觉不愉快的那个人，去表达你的新想法。

比如很多人都有一定的社交恐惧，跟熟悉的朋友谈笑自如，但一到正式场合或开会发言时就会紧张，新一念之转就是让你不要去考虑为什么会紧张，什么导致你面对众人面红耳赤、说话颤抖，而是直接用自我反转之光，把自己投射到那个面对众人谈笑风生毫不怯场的状态。

你设想一下，如果拥有了这种新的状态会怎样？答案是身体语言丰富，口齿伶俐，甚至时而抛出一个梗引众人发笑，即便短暂卡壳也会轻松化解，那么你就带着这样的感觉去行动，驱除原本紧张的态势，然后带着这些豁达、自如、欢乐去行动，去表达。

这跟莱斯特释放法也是不一样的，莱斯特释放法只是释放，相当于把东西扔掉。新一念之转则是一种取代。

莱斯特释放法，是我们做了一个决定，决定放下这种情绪和信念。新一念之转不只是扔掉之前的东西，同时它会让你转换状态，来到你的一个最佳状态，当你遇到很强烈的、短期的冲突，不得不去转换状态的时候，是非常有效的。

比如你和你的伴侣吵了一架，两个人状态都非常差，更糟的是，孩子刚才“观摩”了全程，全家陷入了僵局。这个时候你就可以用新一念之转瞬间改变这个状态，去做一些调和的处理，让这个僵局能够被化解。

当你对新一念之转很熟悉之后，你可以把复杂的四个步骤缩减成两步，第一步，问问自己我想拥有怎样的一种状态；第二步，带着这个状态去行动。

新一念之转的关键点

第一，必须是无条件地相信这个练习。

如果你不能全然地相信，你会让信念卡在让你没有办法经历的状态底下，所以你必须要投入地去练习。

第二，你必须下决心要去改变。

有可能你会沉浸在问题中不想脱离出来，你觉得做一个受害者挺好的，为什么要出来呢？有些人体会不到，或者做练习没感觉，其实是因为他们并不想改变。

第三，必须全身心地去体验。

很多人做了这个练习，却觉得对自己进入未来状态没有什么用。其实这是因为你没有把整个人投入进去感受，做练习的时候也无精打采。

当你没办法进入未来的好状态的时候，其实有个诀窍——你可以想象自己是一个很出色的演员，虽然你今天情绪很低落，但是导演要求你出演一位喜剧之王，你只有五分钟的时间切换到那个状态，你可以尝试用表演的方法帮助自己进入那种状态。

有人又会问了，这不是骗人吗？其实不是。当你进入那种情绪状态以后，你会完全相信你的状态可以引起你信念和观点的改变。再重新去看之前的事件，你会发现一些新的观点和洞见。我们平时会戴着有色眼镜去看这个世界，但其实这个世界是没有限制的。

第四，当你体会到了你想要的状态，马上带着这个状态去行动。

我们并不只是去体会或者体验，而是马上把自己切换到这种状态下，用自己的身体把状态激活。如果你之前遇到了问题想要去解决，你就带着这种状态去解决它，所以新一念之转的练习是实操性的，是马上就可以投入使用的。

在新一念之转的练习里面，我们反转的是内在体验。之前的状态是卡住的，呼吸是僵硬的，但是我们反转后感觉是轻松的、明快的。当这些内在体验反转了以后，行动就自然可以被带出了。

有一位成年男士，他对父亲的责备非常反感，他觉得自己已经是个成年人了，父亲还总是当他是个小孩子，动不动就“你不应该这样，你应该那样”地指责他。

他如果一直抱着“父亲不应该责备我”的念头，就会不断产生对父亲的抵抗，厌恶父亲说话的语气，对父亲的话心不在焉，即便有时候真的是自身的错误也不愿意承认。

通过新一念之转的练习，他先假设了如果他解决了“父亲不应该责备我”这个念头，他会怎么做。他发现，如果不存在这个念头，他就会听到父亲对他所做事情的看法，从中读到父亲的正面建议，比如职场上父亲吃过的亏，人际交往上父亲的宝贵经验。然后他会发现父亲的话并没有那么刺耳，父亲是出于爱才会对他做的事情进行干涉、指责，其实对他的人生是有积极、有利的影响的。

念头的反转产生了，他不再对父亲的指责横加抱怨，他认为父亲跟自己有代沟，在一些互相不理解的地方产生冲突是难免的。而对于自己做错的事情，首先要认识错误，然后就不会认为父亲是在指责自己，他只是在陈述事实、提出建议，话语之中并没有指责的成分。相反地，应该更感谢父亲的爱护，虚心接受父亲的建议并给他一个良好的反馈。

这里还有一个小窍门：你遇到一些委屈的事情，心情低落地躺在床上，暗暗地哭泣。这个时候你要切换身体的状态是很困难的，因为你的状态就像一摊烂泥一样。这个时候，最好的方法是换一个空间。你可以站起来走动，走到阳台边，去体会那种豁达、开朗的状态。

所以我建议大家站着做这部分的练习。你可以在练习中更换位置，走到一个你觉得能量更好、空间感更好、更舒服的地方，想象那个状态，并直接进入那种状态。

但是，有些时候我们难以调整是因为我们本身不愿意去改变。这种情况经常发生在争吵中："因为他对我不好，他对我不忠诚，凭什么要我改变，要我去让步？为什么我要一而再再而三地去忍让他？"

这种"死磕到底"的情绪会让你产生一种错觉，就是"我改变了，我就吃亏了"。

心理学中有一句话叫作"谁痛苦谁改变"。无论是别人给你的，还是你主动发起的，都是你感觉到的痛苦，你做的一切决定和行动都是为自己而非他人做的。

问问自己："他这样一而再再而三地对我，这种状态对我有帮助吗？如果没有帮助的话，我改变到一个怎样的状态会对我更有利呢？"出于理性，而不要从感性角度来"死磕"矛盾。

下面用一个具体的案例来练习一下如何使用这一套方法：

你的孩子写作业可能很磨蹭，每次看到他磨磨蹭蹭不愿意写的样子你都会很生气。今天你的孩子用同样的态度写作业，并且和你争吵了起来。你可能已经控制不住自己要去打他了，但是，这个时候稍微忍一下，给自己一分钟的时间，感觉一下你自己体会到的是怎样的状态，你可能感觉非常愤怒，同时又很无奈。因为你也没有更好的办法去制服他，没有更好的办法让他听你的。

此刻的你愤怒、暴躁，你的信念和想法就是这个事情马上需要被制止，不能任由其发展。所以在这种状态下，你接下来的行为很有可能就是用"暴力"来教育孩子。

当你意识到这些以后，你可以停下来问问自己："这种状态和现在的这种情绪，对处理接下来的事情有帮助吗？"

你已经反复地经历过了，这种状态是没有什么好处的。所以这时候你可以稍微放松点，调整呼吸，让你的头部和胸口放松一下。

然后你问自己第二个问题："面对孩子的不听话，我希望我现在拥有的是一种怎样的状态？"你可能会告诉自己："我希望自己拥有的是一种智慧，能够去引领他的这种状态。"

再问自己："假设我拥有了这种智慧的状态，我会体会到什么，感觉到什么，相信什么？我会怎样去行动？"你可能会说："首先我自己不会有情绪，他不听话的时候，我的语气会很坚决。但我不会让自己轻易发怒。"

你相信孩子永远是孩子，总归可以通过不同的办法引导他，你也相信所有的孩子都希望有一个很稳定且强有力的父母去引导他。这个时候体会一下你的身体感受，是不是有很放松的感觉。

你可以安静地听完孩子对你的牢骚抱怨，然后用很坚定的语气缓和地告诉他："不行，这是我们之前说好的，你必须要去做这件事。"

当你体会到这种状态，认识到你该怎样处理以后，带着新的状态去行动就可以了。你可以走到孩子面前，无论他怎样冲着你大吼大叫，你都坚定地看着他，然后告诉他："这是我们之前讲好的，你必须要为你所说的话负责任。如果你答应的事情不做，那么其他所有的事情，我们现在也不做，直到你把答应的作业做完。如果你继续拖延的话，你会受到处罚。我现在告诉你，你可以做选择。"

你可以放松地看着他，用支持和鼓励的语气告诉他：

“我相信你马上可以很快地完成你承诺的事情。当你完成了你的承诺，你也会有更多的时间出去玩儿，我们可以一起玩儿。”

通过新一念之转中几个问题的引导，可以把你从一种固有且重复的情绪模式、行为模式里面脱离出来。这个重复的模式其实是旧有的程序，由过去的经验、记忆、习得、惯性而来。但是我们知道重复旧的方法必然得到旧的结果。因此，我们不能不断地重复一种行为方式，没有效果，还不停地抱怨指责。最简单的方法，就是让自己变得足够灵活，在觉察中去转念，做新的选择。

原来，自我的旧程序只是惯性的启动而已，现在，你自己作为程序员，新写了一些思维和行为代码，如同给自己打了个补丁。这样，你的命运的主动权，才能拿回到自己手上一些。

第七章

重设正向心智程序

现代的人对抑郁症的认识更加普及了，一些因为抑郁症困扰自杀的新闻，让很多人一提起抑郁症就恐惧害怕。当你有疑似抑郁的症状去就医的时候，医生会告诉你说这是精神的疾病，以后要长期吃药，短的话是一两年，长的话可能要很多年。

歌手杨坤曾在报道里提到过他患抑郁症的症状，例如胸闷气短、浑身抽搐、眼睛聚不了焦，看所有东西都是模糊重叠的，思维特别混乱，经常会走神，晚上失眠，睡觉不敢关灯，紧张到身后有一点小声音都会惊出一身冷汗……最重要的是，害怕见人，尤其是害怕看见陌生人，不管是演出还是访问，都让他觉得是一种令人恐惧的折磨。

他在抑郁症爆发前，就经历了许多重要的“人生转折点”，每件事情都需要很艰难地抉择，但是他一直找不到最好的办法，最后矛盾都通过他的身体爆发了，也就是有心因性的原因影响他。

从个案总结来看，哪些人最容易抑郁？一是“三高”人群，高收入、高文化、高职位人群。因为他们的人生目标往往定得比较高，精神上的压力比较大，总想要做一些超出自己能力的事情，心理承受力又没有那么强。

张德芬老师在大学毕业后担任新闻主播、记者的工作，后来辞去工作在美国加州大学洛杉矶分校拿到 MBA 学位，之后在知名公司担任高管，结果 40 岁的时候得了抑郁症，只好辞职，后来通过自己的努力走了出来，不仅找到了自己，还出版了畅销书《遇见未知的自己》。

“三低”人群同理——低文化、低收入、低职位，他们容易对生活不满，丧失信心，最终产生抑郁。

抑郁后常见的第一类症状是睡眠障碍。入睡困难，醒来的次数多，缺乏睡眠感，醒得早，有的人会突然消瘦，也有的是突然发胖；第二类症状是焦虑，内心有很多的不安全感，然后伴有植物神经系统混乱，尤其是老年人；第三类是躯体症状，例如消化系统出问题。

在思想精神方面，第一种表现是情绪低落，悲观抑郁哀伤自卑，日常兴趣明显减退甚至丧失，无法从生活当中获得快乐。

孩子们在路上捡到个石子，打打闹闹都能找到快乐。但是成年人要想从生活中轻易获得快乐已经比较困难了。我们要通过连续剧、游戏、卡拉 OK、出远门去旅行获得快乐。而一旦你抑郁以后，这些事情都无法让你快乐。

第二种表现就是思维减退，注意力难以集中。具体表现在精神性的运动迟缓，懒于活动，动作缓慢，对日常的活动没有兴趣，没有欢愉感。

伴随着这些神经系统症状，还会出现身体上的症状。对自己的判断、对事物的判断会出现问题，有更多的自责、自虐，有的人甚至会出现幻觉等强迫的症状。

最常见的一种情况，有的人总是反复地去确认一件事情是不是做完了，门到底锁好了没？明天要用的东西准备好了吗？一次次去确认，这样就耽误了很多时间，影响睡眠，处于一种强迫症的焦虑状态。

第四，信念上也会出现变化。因为情绪、身体、信念、对未来的期待和对过去的这些记忆，是绑定在一起的。既然情绪已经有问题了，身体的症状也出问题了，那么信念不可能不出问题。

有人觉得对过去的记忆怎么会变化，那不是已经发生过了吗？记忆有了，但是对它的解读会发生变化。认为自己的过去很失败，自己很没用，一无是处，没有什么是值得留恋的。

所以，乐观的人一想起过去可能还挺兴奋的，但是陷入抑郁症状的人就觉得过去的成就也就那么回事，什么好事也没有。现在自己觉得自己没有用、无能，对自己的现状缺乏信心，对未来是绝望和无望，觉得前途渺茫。

曾经有一位案主，他的妈妈生病很多年，一直忍受着病痛的折磨，他和他的父亲很疲惫。当他妈妈过世后，他的内心突然感觉松了一口气，那个时刻他突然觉得自己太不孝顺了。

于是他产生了很深的罪恶感，认为是自己的疲惫和烦躁让妈妈失望，所以她才去世了。

有时候，他甚至想让自己永远陷在自责和抑郁里，因为这样他才对得起妈妈。

很明显，他的情绪改变了他对过去记忆的认知。他需要客观地看待自己：他有家庭，有婚姻，有孩子，有父亲，有工作，所以从一个个体的层面来讲，母亲走了以后他有轻松感，这也是正常的，因为让他烦心挂碍的世俗的事情的确少了。

怎么来处理？他可以闭上眼睛，想象看见了母亲，说：“亲爱的妈妈，我感觉非常内疚，因为当您过世以后，我甚至觉得有点轻松，为此我非常内疚。我看见了，你的死亡属于你，我尊重你的生，也尊重你的死，你现在不在这个世界上，有一天我也会和你一样，但并不是现在，现在我还会在这个世界上。”

也可以跟她讲：“亲爱的妈妈，我很爱你，为此我感到很深的自责，同时也请你能够谅解我。你经历这样的病痛和折磨，这种病痛和折磨同时也会给我们带来很多的折磨。现在你不在了，希望你能够解脱，也希望我们能够更加轻松和快乐。你不在了，我们还在生活着，我们会为了你而更快乐地生活下去，也请你能够祝福我，祝福我更加开心、更加快乐、更加健康。如果我可以放下我的内疚，我会为您每天送出很多的祝福，以此让我自己的内在感觉到平衡，也让您能够感觉到更加的快乐。”

我们可以看出，在抑郁的时候，你的情绪会变，激素会变，躯体症状会变，你的信念、对过去的记忆的解读、对未来的期待，都会发生变化。你整个人会被抑郁的能量控制着。

过去几十年来，人们逐步意识到抑郁症不只是心理问题，很多时候有可能是大脑发生了一些变化。也就是说，那些能够给你带来快乐，能够控制情绪的荷尔蒙分泌出现了变化。你的大脑的奖赏系统出了问题，比如说多巴胺的分泌减少了，5- 羟色胺分泌减少了，或者是荷尔蒙受体的吸收出了问题。

近年来一些有关脑神经研究的报道，发现头脑当中有一个机制，那就是丘脑边上的外侧缰核的部位，是一个“反奖励”的中枢。反奖励就是主导你的负面情绪，让你觉得恐惧、紧张、焦虑、失望。它和你脑袋当中的奖励中心是相互抗衡的。它们双方共同左右着我们的情绪。

这个反奖励中枢特别像动画片《头脑特工队》里的忧忧。《头脑特工队》里面有几个角色，乐乐是主导喜悦快乐的，它其实就是多巴胺；忧忧就是反奖励中枢；怒怒主管愤怒；

厌厌主管讨厌；等等。

反奖励中枢就相当于忧伤的一个小人，它会向那些释放快乐的荷尔蒙区域放电。

也就是说，《头脑特工队》里的忧忧，在不停地向产生5-羟色胺的中缝核、产生多巴胺的黑质和腹侧被盖区产生去甲肾上腺素中心的蓝斑发射指令，也就是你头脑里面的某一个机制，它产生了一点问题，过度的兴奋抑制掉了那些产生快乐的头脑的这些单元。

所以负向的刺激太多会引发“抑郁”，但正向的刺激太多则会引发“上瘾”。（精神病理学家诺拉沃尔科发现，人的大脑里面有一个中心叫享乐区，某些行为会让大脑分泌多巴胺，让人们觉得快乐兴奋，所以正向刺激多就会引发“上瘾”。）

抑郁是一种头脑合成的感觉，我们感知到的整个世界都是头脑合成出来的，我们的视觉看到的、听到的、你感知到的情绪，最终通过外界的信号到了你的头脑里，经过我们的认知，经过我们的判断，经过我们的神经系统，分泌的荷尔蒙，展现给你一种感觉。

因此，不要迷信这种坏的感觉，不要认同它。当抑郁症发作的时候，关键是不要认同它的真实，不要相信这是世界真实的样子。你需要知道，世界突然变得如此不好，是因为你大脑中的几个器官坏了几个元器件，或者它的元器件的荷尔蒙分泌量不足。

想象你本来是一台彩色电视机，但是其中一个显像管出现了故障，所以你看到的整个世界都是黑白的，都是灰暗的，都是无精打采的，都是绝望的，但是那并不是电视节目出了问题，也不是电视机永远就是这样了。你需要做的不是把电视机砸烂，而是想办法再把元器件调整好。

当你产生抑郁的情绪，或者进入重度抑郁的状态，无论如何要记住以下几点：

第一，你现在处在一种不好的精神状态。

你在精神状态不好的情况下，会产生不好的感受，包括不舒服的身体感觉，消极的信念，对未来的悲观，对过去记忆的错误解读，等等。

第二，这个世界并没有改变。

第三，不要陷在无助跟绝望里面。

不要认同你对抑郁情绪的解读，这只是你的电视机的元器件坏了，应该赶紧去修一修。

有一位女学员因为失恋抑郁了，她从心里觉得自己不够好导致被抛弃，然后一直处在这种自怨自艾的情绪中，进而抑郁。

她需要明白的是，她现在只是处于一种阶段性的症状中，就跟平常感冒发烧一样，会来也会走。不要给自己打上

“抑郁症”的标签，觉得是天大的事情，从此以后就不会开心了。

大部分的抑郁症都是被自己的这种强化所固着在里面，所以她需要撕掉这个“抑郁”的标签，告诉自己：“这是一段抑郁的病史而已，跟得过的感冒发烧没有什么不同，说不定得了以后还能增加抵抗力了。”

你如果想要治疗抑郁症，最好的一个方法，就是感谢抑郁，感谢抑郁的状态带给你的经历，让你学会了那么多的东西，然后认认真真地听课、做练习，不要把抑郁当成一个敌人。

还有不少人的情绪困扰是担忧、悲观，想事情比较多，容易往最坏的方向想，而且会想象一些让人焦虑担忧的画面，比如她们无缘无故就担心老公精神甚至肉体出轨，她们猜忌，捕风捉影，道理都懂，但就是做不到不去想。

其实，最好的办法就是你要经常去清理和释放你的念头。莱斯特释放法，情绪平衡三重允许法、重设正向心智情绪、新一念之转法，这些都可以帮助你去做念头的一些转换和清理。

那么我们怎么样改变荷尔蒙的分泌呢？有一些简单易行的方法。

首先，无论如何要去医院就诊，重度抑郁症是需要吃药的，后面的一些简单方法并不能治疗严重的抑郁症，但是可以做一些缓解。总之，你一定要去按照自己的情况就诊，去得到一些专业的处理，专业的判断。

提升多巴胺分泌水平，第一就是降低你的预期。我们可以做一些感恩，转变我们的信念和念头。

第二，甜食和药物可以刺激多巴胺的分泌。

第三，可以保持一些肌肤的接触，多一些拥抱肢体的活动。跳舞、做操、抖腿、呼吸、唱歌、散步、健身、晒太阳等，都能够提升 5- 羟色胺的分泌。

第四，要多吃那种复合性的碳水化合物，它可以保持我们内啡肽的浓度和保持稳定。

很多人的抑郁症为什么会拖好多年？并不是因为他没有正常地服药就医，而是因为他内心对疾病、对抑郁状态的恐惧没有清除掉。

药物只是调节你的荷尔蒙分泌，调整身体的状态，它没有办法调整你的念头，所以你的内心还是恐惧这些想法和信念。这些念头不改的话，药物其实是没有办法根治抑郁症的。

布鲁斯·利普顿博士在《蜜月效应》这本书中提到：人体是 50 万亿个细胞组成的共同体，是个极其复杂和精妙的机器。同时我们的大脑能产生能量场，从而影响细胞的行为和基因表达，并改变人的认知、情绪和行为。大脑还会释放和传播神经递质——肽——来控制细胞和基因活性。因此我们的大脑、我们的信念是极为重要的，单纯靠药物并不能很好地解决问题。心病还是要通过我们自己精神的软件去修。

举个例子，你的电脑出问题了，你不能都是吃药（换内存、换主机、换螺丝、清理硬盘什么的），还有很重要的工作当然是杀毒、更新软件、打补丁、更换操作系统。

如果你已经在采取一些行动，用吃药、运动、晒太阳等方式来缓解你的症状，但是还有一个工作是你必须要做的，那就是清除你的焦虑和恐惧。这是很多病人忽略掉的，因为他们通常采用的是医生给他们的药理学的方法。

清除的方法有很多，第一，你可以每天观想自己抑郁的状态，但是要放大参照系的范围，让你的这种恐惧感得以降低。第二，可以用间接反转法来处理你对疾病的担忧。你可以用去敲击自己的手刀点告诉自己，“我无条件地爱我自己，接纳我自己，哪怕我现在还是抑郁的，哪怕还是这样的状态”。第三，你也可以用情绪印象的重塑法，每天去找到一个给你带来温暖力量、快乐的这种光的图片。然后去观赏它，想象这种光能够清理你的身体，使你这种低落的情绪能够得到清理，这都是辅助的很有用的方法。

通过这些方法，清理掉对抑郁这件事情的担忧和恐惧，再配合积极的药物或者活动，抑郁的状态才可能得到快速的缓解。

有个高三学子，还有几个月就要高考了，却总是觉得自己不够好，焦虑失眠，严重影响了学习。经过耐心开导才知道，高考在即，父母难免会提示他再勤奋一点、再用功一点，屡次提及谁谁家的孩子考的分数多高多优秀。长此以往，这位备考生也觉得自己成绩不够好，害怕考不上好大学，产生了抑郁。

想释放和疗愈这些，就要从能量和信念层面分别去清理，情绪印象重塑法是从能量层面去扭转你的信念。

这位学子和他的父母听从了我的劝告，每天除了正常学习作息，会看一些优秀大学、学院的招生信息，多看一些本来学习成绩一般但通过努力逆袭考上 985、211 大学的故事，把自己代入到逆袭成功的案例，逐渐摆脱了升学恐惧，增强了自己的自信心，抑郁也就不攻自破。

还需要明白一点，人的情绪本身就是有高潮和低谷的，很多时候抑郁并不是一种病，只是因为我们对这个事件过度担心，然后强化了它，才成为一种病。

如果你平时感到抑郁，这是正常的。有可能随着某件事情的改变——你看到孩子回来了，家人回来了，你就会放松。

只有长期的抑郁状态无法缓解，才叫作抑郁症。大家要把抑郁和抑郁症这两个概念应分开，不要盲目地给自己贴标签。

重设正向心智

情绪来源于我们的经历、信念，我们的家庭，等等，所以情绪模式本身就是一种编程，是对我们神经反应系统的一种固化程序。所以我们要做的就是重新给大脑编程，这个编程是需要让潜意识来做的，没有办法让意识简单地去操控。

第一，你需要百分之百地理解和相信。现在很多的网友总是觉得，提到心理改变、自我催眠、信念改写就是洗脑，就是成功学，这种观点是不对的，这只是个标签。

我们天天洗澡、洗脸、刷牙，身体天天清理。大脑中的信念，怎么能够不清理。要知道信念是什么，信念是我们精神的 DNA，信念是我们自我实现的为数不多的可以控制的方向盘和工具。

一个人不了解自己的内在模式、潜意识、核心信念，只是害怕改变，用“洗脑”的标签抗拒变化，这只是一种愚昧的执着而已。

在我的概念里，我们不光要给自己好好地洗洗脑，而且要明白我们大脑里种下了什么，怎么改变，要改写成什么。并不是在你脑子里存在的都是好东西，就如同在你身体里长着的也不一定都是好东西，还有可能是肿瘤。发现了怎么办？当然是消除、切除啊。难道留着当宝贝？限制性信念、负向的精神模式就是在我们的潜意识中需要清理、消除的肿瘤。重设正向的心智，就同我们给身体打免疫球蛋白是一个道理，无非就是作用在精神还是作用在身体。

第二，神经记忆的惯性力量是很强大的，所以需要大量的重复。作家格拉德威尔在《异类》一书中指出“一万小时定律”，他说人们眼中的天才之所以卓越非凡，不是因为天资超人，而是付出了持续不断的努力。一万小时的锤炼是任何人从平凡变成世界级大师的必要条件。所以他把它称为一万小时定律。

你要强化某一种习惯，达到卓越，可能要训练一万个小时。虽然我们训练的目的不是要成为某个领域的专家，但是你要明白你的头脑也是可以被强化、被训练的。

负面的自我评价是因为曾经很多人给了你负面的评价，因此你也需要重新去给自己正面的强化，设定正面的心智。你把自己的意识切换到可以分泌良性荷尔蒙的频道上，直到它成为正向的循环和习惯。

大多数人终其一生对身边的事物是做被动反应，日子很糟糕，所以自己的反应很消极，不开心，生气沮丧，看上去是环境带给了我们情绪，但其实只是一种被动的无意识的习惯而已。重要的不是你现在的状态如何，而是你要进入怎样的状态，你的梦想的目标和目的是什么，然后如何行动达成。做一个旁观的吃瓜群众，太简单了，但是并不会带来任何人生中好的变化。

在动画片《蓝精灵》里，蓝妹妹问蓝爸爸说我到底是谁，我是从哪里来的，我是不是格格巫造出来的？她怀疑自己不是蓝精灵的一分子，她觉得自己是属于坏蛋的那一方。蓝爸爸是怎么回答她的呢？他说，蓝妹妹你从哪里来这个问题并不重要，重要的你想成为怎样的人。

很多人会把注意力放在现状上，觉得现状如果不改变他也没有办法改变。但是如果人深陷在这种模式里是没有办法改变的。因此我们需要先转化信念，每天有意识地去关注积极的事物。

一个最简单的小方法就是运用正向宣言：

第一，用赞美转化批评和抱怨。

负向的经验就像魔术贴，很容易粘在我们的神经系统里面，让我们产生一种习惯。但是正向的信念像不粘锅，非常容易被忽略和遗忘。所以我们更加要明白，头脑的策略本身已经偏向负向，我们需要主动地去强化那些正向神经回路的建立。

批评会用一种非常隐蔽的方式渗透到我们的思维里面。比如说今天出门天气不好，下雨，你觉得很烦。你开车去上班，堵车让你心烦意乱。你居住的城市今天雾霾又爆表了，你看着灰蒙蒙的天空心情非常差。一进公司就碰到了你的老板，你一天的计划都被打乱了……虽然都是一些小细节，每一个念头都很细微，但它们其实都是你的一些情绪能量，都在进一步地强化你的情绪和行为模式。

转换情绪模式最简单的方法就是你每次遇到一个想要批评、想要抱怨、想要愤怒、想要发泄的症状，你就感谢它。例如，今天要上班，但是突然下雨了，可以说谢天谢地，还好不是下暴雨，还好今天下雨我带伞了……

开车遇上堵车，动也动不了，可以感激：太好了，我可以多听一会儿广播，我可以在车上多躲一会儿……

一进公司看见讨厌的老板——你要转化你的念头，可以说：太感谢了，连这样一个老板都可以赏识我，给我工作……

去食堂吃饭，排队很长，也可以感谢：谢天谢地，有那么多的人吃饭，说明今天的菜是比较新鲜的。

……

因此，当你想要切换你的频道、你情绪的频率，任何事情都有值得感谢的方面。

当你转换视角，你会发现这个世界上无论怎样的情况，都是可以感谢的。起码你可以看见我们生活在一个发达的社会，没有生活在战乱里，没有生活在动荡的年代，我们并没有住在智人祖先的洞穴和茅草棚里。

我们真是太幸运了，因为我们生活在一个和平年代。

当你把现在焦虑的事情放在时代这个大背景下，你会发现你现在焦虑的事情根本就不值得焦虑。为什么？因为这是你头脑的策略，你在头脑里输入了怎样的框架和背景，它就会产生怎样的意义。

但是这个方法并不是说你赞美了，世界就完全变了，而是要运用这个方式作为一个强化你头脑的策略。

第二，使用肯定句。

使用肯定句，也就是使用正向力量增强的句子。你可以每天来告诉自己：我做的事情都会成功的，我的生活充满了爱和美好，我感激人生中的每一个经历，等等。

有的读者可能会认为，这和“洗脑”有什么区别呢？肯定句会起作用吗？

法国有一位心理学家和教育学家，叫爱米尔·库埃，被尊称为“自我暗示之父”，他最早研究心理暗示术。他总结出一个经验，就是成功的背后是不是有个更高的法则，最终他发现这些是自我暗示的连锁反应。

其实，在我们的成长过程中，否定句基本上是起作用的。别人骂你：这个笨蛋，你真蠢，你什么事情都做不好，就你这样的人以后长大了没出息……这些否定句式很起作用。这也是因为负向经验的“魔术贴”效应。

大多数时候我们认为，那些批评我们的语句是真实的，而自我的激励则是自欺欺人的，那是成功学，是假的。你会发现这种判断本身就有一个问题，只要否定句能起作用，那肯定句也能起作用。而且，为什么天天在头脑里对自己说“我是个蠢货”，从来没有人质疑过这是“洗脑”，而对自己的肯定就是“洗脑”呢，这真是太可笑了。因此，不需要跟随大众的观点，那些观点除非你搞清楚原因和原理，否则不一定是对的。因此，肯定句也是逐渐地强化我们内在的软件，让自己产生自我认同的工具，就如同我们现在总是给孩子很多的赞扬鼓励一样，让他以后更加自信和正向，这不是“洗脑”，这是一种“编码”，只不过我们的头脑对肯定句的粘连和强化认同会慢一点而已。

有的人发现自己用肯定句效果不好，肯定句为什么会不起作用？是因为它只是以文字语言的形式储存在你头脑的意识里。那么，怎样让它起作用呢？当你去念这句话的时候，你要闭上眼睛，放松呼吸，想象这句话的状态能够在你身上起到作用，也就是让你的神经系统、让你整个身体能够去经历它、强化它，直到你的神经系统、肌肉记住它，下次遇到同样的情况潜意识才能够调取出来。这才是肯定句有效的秘密。

也就是，你不光要“洗脑”，还要让这些句子深入骨髓，要“洗髓”。

如何使用肯定句？

第一，找到那些正面的语句，要避免那些“不要”“不会”的词。

比如，你说“我不要自卑”，就不是一个好的肯定句，你把它换成“我是坚强的”，或者“我是自信的”。如果你觉得有些无法相信，你说“我可以是自信的”“我决定我是自信的”。

第二，肯定句要简短。

肯定句太长会导致你的潜意识没有办法直接吸收它，它会经过头脑的判断，变得过度复杂。

比如：我值得拥有最好的一天，我的每一天都充满了快乐和感谢。我越来越欣赏自己。我的命运是可以被我自己改变的。我是个独特的人，我越来越强大，越来越快乐。我相信我自己，我每天都在改变，我相信奇迹。我值得拥有最好的一切。幸运和机会总是围绕着我，我是有力量的，我有资格拥有一切……这些都是简短有效的肯定句。

当你念出每个肯定句的时候，你需要让整个人的身心状态都伴随着这种状态，也就是让这个句子仿佛可以流进你的身体，你可以用很慢的方式念出一句话，再停顿一下，去感受那样的状态。

“我值得拥有最好的一切。”当你讲出这句话的时候，你要去体会，什么是值得拥有的最好的一切。“我是个独特、很可爱的人。”当你讲出这句话的时候，你可以闭上眼睛，带着喜悦的微笑去感受一下，你真的就是这么独特、这么可爱。

正向的语句、肯定句，最重要的是要让你的整个身体神经系统沉浸在语言所代表的状态和能量里面，你要去感觉它，就像你真实地看到它们一样。

有位学员有一个奇怪的念头，就是每次诚心感恩，心里都会升起担心的念头，担心好的东西会因为感恩而消失。

这就是一种强迫的念头，反映出心里的不配得感。当她想要美好的事情发生的时候，她担心自己会得不到，实际上是不相信自己能够得到。

这就是因为她的资格感太低了，所以需要去做接纳的练习，正向心智练习，不断告诉自己说："我有资格得到那些好的事情，我爱宇宙，宇宙也爱我，我有资格变得越来越好，我每天都变得越来越好。"要给自己大量的这种正向的暗示，大量的正向心智的重设，慢慢地就不会再担心好的事情会因为感恩而消失。

其实就是你自己潜意识的硬盘里存储的坏程序太多了，现在就是一个个地杀毒、打补丁的过程。那些坏程序很多都是0~6岁期间无意识种下的。

【功课：重设正向心智】

第一，用赞美去转化批评和抱怨。

第二，制作自己最需要的正面宣言。

这些句子不像药片，它们不能很快速地缓解某些症状，你需要一句一句地去品尝它，去经历它，让它能够进入你的神经系统，进入你的身体。

经过 20～40 天的锻炼或者训练，你会发现你整个人的信念系统，整个人的情绪的判断，整个人对事物的看法都会发生很大的改变。那个时候抑郁离你就非常遥远了。

第八章
情绪平衡的三重允许法

美国心理治疗博士罗杰·卡拉汉，发明了思维场疗法 (Thought Field Therapy)，简称 TFT 疗法。

曾经他为一位恐水症患者做咨询治疗，做了好久都不见效。有一次，他在咨询中无意间敲击了患者眼睛下方的穴道，也就是中医中胃经末端的穴道。他边敲击穴道边让患者想象在水边、在游泳池或者碰到水的场景。然后奇怪的事情发生了，患者的恐惧感减少了，消失了。他再让患者走到游泳池边上去，他竟然一点恐惧都没有了。从这个个案开始，他研究了很多关于人体穴位与情绪的关系，虽然它的英文叫 TFT 疗法。

克里把这个技术的方法进行了改良，主要改良的是穴位敲击的方法，这就是情绪释放技术。而罗伊·马丁纳，在克里的基础上又改变了引导语。

为什么通过敲击穴位和引导语可以改变情绪呢？我们介绍过，情绪是由大脑控制的，同时情绪也是一种能量，这种能量活跃在我们的神经系统，活跃在我们的经络里。所以每个细胞其实都是有记忆、有它的情绪能量的。这些情绪通过经络也会产生相应的一些作用。

这一章节的情绪平衡三重允许法中，我把前三代情绪平衡的方法再一次进行了改良。在原来的版本中，要敲击的穴位有二十几个，我们改成 3+1，也就 4 个穴位。此外，引导语的结构也进行了改良，并且增加了正向反转句，此前只有反向反转句。

这个方法一是可以处理负面情绪的。比如你的焦虑、抑郁、悲伤、愤怒，尤其适合处理那种你自己觉得根本没有办法去扭转的东西，就是限制你很深的一些东西。

第二就是清理一些负面的信念。你觉得不可能的、做不到的、实现不了的，可以用这个方法做清理。

用练习做情绪转换是需要花一些时间的，要配合着经络的敲击，配合着自己的语言来做处理，都能做到的话，这个方法会是一个非常有效且强有力的练习。

曾经就有一个个案，那位女士在频繁的流产后，对怀孕有很深的恐惧，一备孕就焦虑失眠，脑袋里也出现很多念头，觉得是以前做了错误的事，这些事让她觉得不配有孩子，自己会被惩罚，同时也特别害怕再次怀孕失败。

为什么会产生这种情况？是因为她对堕胎这件事有心理阴影。其实，关于停育、流产，我们首先要接受这个结果，某种程度上这是一种保护，因为胚胎其实是不够健康的，它才选择停下来，没有给母亲的人生带来太大的麻烦。

其次需要用自我接纳的方法，帮助自己做清理。

可以尝试闭上眼睛，看见在这个世界上那么多的女性都主动或者被动终止过妊娠，她并不是唯一一个。每个人都有各自的原因，有的是因为恋爱太早意外怀孕了得堕胎，有的是因为已经生育足够多的孩子不想再要了所以去堕胎……

她可以做感恩的练习功课，因为当你在感恩的时候，欲念更少，善念更多，你会有更大的力量支持。然后用情绪平衡的三重允许法做清理，把那些恐惧害怕都清理掉。

下面我们就详细地讲情绪平衡的三重允许法的具体操作方法。

第一，准备，也就是找到你想要处理的内容。

比如你对疾病有很深的恐惧，你总担心自己会生病，找到这个情绪，包括想要处理的这个念头——当你感觉到恐惧的时候，“我会生病”这个念头也会升起，所以你先要去体会这个感受，然后找到跟它相关的情绪、身体的感受、信念。

当你对疾病产生了很深的恐惧时，你可能会觉得脑海中一直有一个声音在环绕：“万一我生病怎么办？”你的身体会感觉到紧张，四肢都紧绷了起来。尽量去找到这样的一种情绪。

我们要处理的永远是一种打包的能量，它是身体的一种感受，一种情绪，一种想法，是一些图像和头脑的对话。

现在，你已经有了一个问题状态，然后你问自己："如果我可以处理好，我想要通过练习来达到怎样的一些效果呢？"你可能想要的是自己很放松、很开心地享受生活，你可以把这些焦虑的东西放下。

找到了想要处理的问题和想要达到的目标，你可以给自己之前的情绪强度打分——0～10分，10分最强，0分最弱。这是为了让你能够在练习前后有一个直观的对比。

在用三步法处理的过程中，你可以不停地评估、打分。

但是有人会说，我不止有一种情绪，我的情绪都缠绕裹挟在一起，那么我该怎么办？举个例子，你跟伴侣发生了一些不愉快的事情，你们俩可能分开了，但是你对他的情绪很复杂，你自己也没法说清楚。

这个时候，你要仔细地去清理，这堆裹挟的情绪中有可能藏着愤怒、生气，或者很多委屈，也有可能是焦虑或担心——他不喜欢我了，我未来怎么办？未来是不是没有人会喜欢我……

这时候，你要把这些情绪拆分开来，一点点来处理，否则你自己根本讲不清楚。

这也是为什么很多事情没法一下就用这个方法扭转过来，因为事件中混合了太多的情绪和信念，也会有很多的自卑、失望在里头。所以你需要一点一点地进行拆分，处理掉一点以后再做下次的清理。

有位女士结婚四年没有孩子，丈夫对她渐渐没有耐心，不是冷暴力就是乱发脾气，日常生活鸡飞狗跳不得安宁。这位女士在犹豫自己到底要不要离婚，但久久没有答案，一直处在煎熬中。

其实她最需要做的就是把自己的情绪一点点拆分开来，一点点来处理。自己还爱丈夫吗？爱到足够去包容他的脾气，足够去原谅他的冷暴力吗？失望是因为不够爱吗？是因为自己不够好所以丈夫这么对待自己，还是仅仅是沟通出了问题？如果分手，自己能面对一个人的生活吗？等等。

当她去一一观看，找到了自己要面对的种种问题的所在和自己想要达到的诉求。去除一些不必要的情绪，再用一些方法去转念、去清理，才能回归内心平和的状态。

第二，间接反转法加经络的敲击，配合一些先导的引导语。

我们在第一部分已经学过间接反转法，间接反转加经络敲击，能够解除潜意识的强迫机制。当我们想要改变问题的时候，潜意识会升起一种反抗，我们要解决这种反转机制。

我们用两个手掌的手刀点相互敲击，然后加上自己的引导语——“我无条件地接纳我自己，爱我自己。虽然我对这个事件有 _____ 的情绪，虽然我对这个事件有 _____ 的信念”。

你可以说“我无条件地接纳我自己，爱我自己。虽然我对害怕生病这个事有很深的恐惧，哪怕这个问题一直存在，我也无条件地接纳我自己，爱我自己。这是属于我的问题，我也允许自己松动这个问题。”

这个就是间接反转的部分，你可以这样重复地跟自己说 3～5 遍。

通过这个方式，你的潜意识可以开始接受、软化和松动。我们改变一个问题，并不是直接告诉自己不要紧张，而是用反转句去连接它。

第三，穴位敲击加引导语。

首先是轻敲眉毛两边的位置，眉毛的内侧攒竹穴的位置。这里的引导语是“我无条件地接纳我自己，爱我自己。我接纳我 _____（事件）引起的恐惧，或者是 ______ 的信念想法，我接纳这个情绪相关的所有的经历、所有的信念、所有的能量是属于我的，现在我允许从我的身体和每一个细胞当中释放这些情绪的能量。”

然后当你释放的时候，可以暂停敲击，把手按压在穴位上做个深呼吸。做深呼吸的时候，想象你可以释放掉这些情绪。

假设我们用两个手刀点做了反转引导以后，我们还是很害怕生病，我们就可以用双手去敲击两条眉毛的内侧的位置，也就是两条眉毛靠近额头攒竹穴的这个位置。然后说出引导语：“我无条件地接纳我自己，爱我自己。我接纳我害怕疾病的恐惧，我接纳我对疾病的担心。现在我允许自己去接纳跟恐惧相关的所有的经历，所有的害怕，所有过去的想法，所有这些害怕的图像。从第一次的害怕开始，你们是属于我的能量，你们是属于我的想法，你们是属于我的情绪。我接受你们。现在我允许我自己从我的身体和每一个细胞里释放这些恐惧。谢谢你们。你们陪伴我已经足够长时间了，现在你们可以自由了。”然后做个深呼吸，把它们释放。

接下来两只手可以交叉敲击锁骨下方的中府穴。在锁骨下方敲击，我们释放的是对情绪的情绪。

什么是对情绪的情绪？当你有对疾病的恐惧以后，你对这种现象，对自己的这种状态有怎样的情绪？你可能很害怕生病，但同时你对自己总是害怕生病这件事也感到很愤怒。这种愤怒就是你对某种“情绪”的情绪。

几次敲击的目的是不一样的。手刀点的敲击是反转，反转针对问题的恐惧和执着；眉毛内侧穴位敲击是释放情绪信念所引起的相关的一切；锁骨下方释放的是对情绪的情绪，对情绪的观点，对它的恐惧，对它的害怕等。

最后进入第四个穴位的敲击，把两只手十指张开，轻轻地去敲头顶的各个穴位（包含百会穴和四神聪穴）。你可以用引导语说："现在我允许自己是丰盛的，我允许自己是放松的，我允许自己是喜悦的，我允许自己可以享受生活，我允许自己可以放下这些恐惧，我允许自己可以在平和的能量里。"然后做个深呼吸。

以上就是情绪平衡三重允许法的三个步骤。

最后，你可以评估一下，现在这种消极的情绪强度是几分（0～10 分打分），评估结果有可能是任何分数，你可以反复做，或者当你想起些害怕的东西，就可以再开始新的一轮。

很多人在婚姻中的痛苦都是些小问题引起的，两个人想法不一致，甚至是吃饭刷牙、上厕所用马桶圈这样的小事。那么如何调整这种持续不断的焦躁呢？

首先，要看到你的内在总有一种企图，当别人和你一样的时候，你会放松，当别人和你不一样的时候，你可能会感觉到被批判、不安全，这其实是一种安全感的需求。

你可以用三重允许法去敲打经络，告诉自己：如果别人和我不一样，我也无条件地接受自己、爱自己，我也可以无条件地接受你，爱你。每个人的背后都是他自己的原生家庭，他自己的经历，他不需要和你一样……

第九章
通过改变次感元来改变情绪的意义

什么是次感元

视觉、听觉和触觉感官构成了主要的表象系统，从而建立了我们对世界的心理模型系统。嗅觉和味觉在其他动物身上扮演更显著的角色，在人类认知上相对不重要，特别是对于复杂的认知任务。

大脑用五种感官来输入信息，用三种主要感元来保存信息，这三种感元分别是：视感元、听感元、触感元（也叫内感觉）。它们的缩写是 V.A.K。

什么叫感元？是指你的意识容易感觉到的要素。除了以上三种，还有很多信息作用在我们的身体上，但是我们没有办法直接感觉到，比如电磁波辐射、空气进入血液、肠道菌群的生长等等。

我们见到或者想到一个人时，脑海里会涌出一个面孔和一个声音，其实这只不过是很多很多细小资料的合成结果，而这些细小资料，并非像拼图中的每一小块，而是一些更基本的构成元素。这些从感元中再细分下来的基本元素被称为次感元（Sub-modalities），即组成我们的经验或者说记的基本元素。

次感元是特定知觉特性，即可以被主要的感官感觉表达出来。例如：

（1）我们的视觉系统可以感知色彩的特性、亮度、形状、深度等；

（2）我们的听觉系统可以表达音量、音高、节奏等；

（3）我们的触觉系统感知压力特性、温度、质地。

亚里士多德和神经语言程序学（NLP）都认为，这些区别是认知思维的基本构件。在某种程度上，它们可以被认为是我们心理程式的基础“机器编码”。每一项记忆，只涉及有关的构成元素做成组合。如此，不同的记忆，便有不同的组合，而构成元素则基本不变。（引用自罗伯特·迪尔茨《NLP 新世代》）

我们大脑里储存的所有记忆，都可以拆解成不同的次感元。事情发生了我们不能改变，但事情带给我们的情绪、意义，我们可以通过改变记忆的次感元而改变它。

通过改变次感元来改变经验感受

我们所有的经验记忆都是由次感元组成，也就是由神经元网络所组成，而每一个能够储留的经验记忆，都必然有一份情绪感受紧随在一起。人类能够通过改变组成记忆的次感元，进而改变那份情绪感受的强弱，同时保留那次经验的意识认知数据。

我们用一个简单的实验来证明这个现象，实验过程中，注意你情绪感受的改变。

第一部分：试着回忆一个你对他的印象不大好的人，想象他正站在你的前面。现在，你慢慢把这个人往你的方向拉近，到你面前不到 1 米的地方才停下来。然后把他推远，直到他距离你 100 米那么远。

第二部分：想象一个你很喜欢的人正站在前面。跟刚才一样，先把他拉近至你面前1尺，再把他推远到100米远的位置。

你会发现，在印象不好的人接近你的时候，你会感到难受，推远则轻松。

而你喜欢的人，接近时开心，推远则不舒服——在改变距离时，一份负面的感受越远越好、越近则越坏；而一份正面的感觉会越近越好、越远越坏。远近距离只不过是内视觉众多次感元中的一个，三个内感官各有很多不同的次感元。

次感元的改变有两个方向，一个方向是使经验带来的情绪效应加强，另一个方向则是使之减弱。对于良好的感觉（轻松、自信），改变向感觉更强烈的方向会使来访者变得更轻松自信；而负面的感觉（恐惧、愤怒），改变向情绪感觉更轻淡的方向，则会减少来访者的负面情绪的困惑。

事情发生了我们不能改变，但事情带给我们的情绪效应，我们可以凭改变构成记忆的次感元而改变。这样，好的情绪效应，我们可以把它们加强，并且联合其他的技巧（例如“经验制”）使这些情绪效应随传随到；不好的情绪效应，我们可以把它们减低，甚至消除，使来访者可以充分发挥本身的能力，去处理自己的问题、面对人生的挑战。

当你能够运用这些技巧、方法，你就越来越成为一个合格的自我内在编程的程序员。

最容易找出储留在哪个内感官的方法是引导来访者回忆那件事，待他表现出内心已有负面感受时，问他：“你现在看到或者听到一些什么？”（以下引用自李中莹《重塑心灵》）

他的回答会给辅导者指引应该改变哪一个内感官的次感元。如果回想该往事时有景象涌出的，一般先从内视觉着手。往往内视觉的次感元改变后，情绪感受便已好转，不用处理另外两个内感官了。

当然，有的人很容易就能体会到这种情绪，你让他去找一个焦虑、痛苦的事情，他很快就能找出来，但是有的人就很难找到，这是因为练习做得比较少。当你想象一个画面的时候，你要感觉你自己在经历这样的画面，体会整个人在画面里的感觉，当你能够调动这些内感官后，就能更容易地经历这种感受，勾起相应的情绪。

在三种情况下，这个技巧会没有效果：

（1）来访者不相信这个方法有效。储存经验记忆和改变神经网络的工作都是由这个人的大脑去做，而同时思考和决定这样做不会有效果也是同一个大脑，后者操纵了前者的开关。在这种情况下，来访者会发觉一件事情的次感元不能改变（只要能够改变，就会有效果）。

（2）来访者潜意识里一些重要的深层信念不容许改变的出现，例如潜意识认为若改变了，这个人便失去保护自己的能力；或者潜意识为了维持一个身份的信念，认为改变了便会失去这个身份。

（3）问题的真正原因涉及来访者家族系统的问题。这个可能性很低，往往使效果不能长期保持。

运用次感元处理个案

我们需要对个案进行引导。

我们可以告诉他：闭上眼睛想象，你看到的是怎样的人和环境？在怎样的场合？他穿着什么样的衣服？表情怎样？有什么样的动作和语言？

就是闭上眼睛去想象，找到你觉得压抑的、不舒服的一个环境或者人、或者事情。这个事情可以是现在的，可以是过去的。当你闭上眼睛放松的时候，你可以去回忆这个事情，看一看这是在怎样的环境里面，当中有哪些人，发生了什么。这个人做了些什么，说了些什么？看看这个画面，当你看到的时候，你心里有怎样的感觉，要把那感觉找到。

你可以问他：有没有看到这个画面？他说看到了。

问：这些次感元是彩色的、黑白的？还是大的、小的？它们发生了什么？当然，如果他是保密的，比如涉及隐私的，你就不用问了。如果他说：我不想讲。那么就不要再问他。

接着再问：你看到了，你可以看清楚这个人的脸吗？可以看到他穿着怎样的衣服吗？

询问这些细节的原因是每个人的视觉能力不一样，有的人的视觉能力很弱，看不清楚。

所以你可以继续：你可以看到他的高度吗？头发是什么样的？衣服是什么样子？

去问细节，细节可以帮助你的镜像神经元从各个记忆库里面调取信息，拼命去组装、合成那个画面。你可以问他：是在怎样的场景，怎样的天气，这个人发生了些什么，是黑白的还是彩色的，近的，还是远的？多问一些细节。

然后你继续问：当你看到这些，有怎样的情绪、感受？他有可能是跟谁吵架了，他说：我心里很不舒服。你问他：你心里这个堵，从0分到10分，10分是满分，你觉得自己是几分？

我们来试试看，你要调他这些次感元，这当中肯定要有个辅助的工具。

告诉他：你可以想象在调电视机画面，有个旋钮，你觉得这个旋钮是在左边好，还是在右边好呢？

这是一个可择暗示，只要他做了选择，就一定会起作用。

个案示例（也可以自己给自己引导）

（继续上面的过程）

你接着说：去旋转这个旋钮，我们先慢慢转，把亮度调暗，你会感觉像调电视机画面一样调暗了。好，现在感觉怎么样？情绪有什么大的变化吗？

好，现在，我们来试试看，推远它的距离好不好？伸出你的手，想象把这个画面用力地往前推、推、推，推到很远。

你可以问他：之前，是多远？他说之前在 1 米。那我们先把它推到 10 米远，感觉怎么样？他说感觉舒服多了。这时情绪还剩几分呢？他说还剩 3 分了。然后，你再说：那你再试试看，我们边上的旋钮，还有一个是调黑白、彩色的，我们把它调成黑白的试一下，或者调成彩色的试一下。用你有创造力的潜意识，把这个旋钮调成黑白，怎么样？（他）不好。又把它调回来。你可以调回来，调成彩色的。然后呢，距离、远近都有了，大小、高度先不用动它，看看它的画面意义会不会改变。

你可以想象，等一下去调电视机的时候，这个画面就会变成那种雪花点，变得很模糊、很模糊，我们来试试看，把它调模糊，对你的情绪有没有一些帮助。所以，先伸出你的手，找到调清晰度的那个旋钮，把那个人、你讨厌的老板的那个样子，你现在可以清楚地看见他吗？对，旋旋钮，变成雪花点了，变成雪花点了，非常好，对，就是这样。现在看到了什么？（他）现在看不太清楚。

调完了，你问他：现在再感觉一下，看到这个画面的情绪是几分？你刚才讲你是紧张的，这个紧张现在还有多少分呢？原来可能七八分，现在变少了，只有三、四分。

你可以鼓励他一下：每次当有问题时，你都可以用这个方式来保护你自己，所以这个意义已经改变了。做个深呼吸，把新的意义记录在你的身体里。

运用次感元改变听觉

听觉用的时候相对少，最常用到改变听觉的第一个场景是自言自语。很多场合，比如你要去谈判、竞聘、面试，这时候你的听觉就开始发作了，你脑子里全是你自己的声音：呀，死了怎么办啊？失败怎么样啊？他不喜欢我怎么办……各种各样的声音，你要把它推远，然后模糊掉。

遇到恐惧的事情，就可以想象你在电影里看到这个画面，重复播放，倒过去播放，再加上搞笑的声音。

比如说，你总是想到狗会咬死你，别人会破门而入杀死你，这时候要把听觉的语言加载进去，可以加载米老鼠、唐老鸭的声音，或者任何你熟悉的搞怪的声音。

你会发现，原来很可怕的画面，突然就变得很荒诞了。

想象你和你的老公正在吵架，你正吵在兴头上，气不打一处来，这时候，你想象他的声音变了，变成唐老鸭的声音冲你说："你是个王八蛋！"你会发现你的气就消了一半。

有的人可能会说，给大脑代入声音，播放一些好的画面，说起来很容易，但是当糟糕的情绪来的时候似乎行不通，因为大脑会打架。

有一个要点就是，不要在糟糕的情绪来的时候去改画面。我们是改变内视觉，改变内感官。

举个例子，当你登台演讲的时候，你很害怕别人取笑你，所以你闭上眼睛看见自己想要上台，很多人想要笑，我们改的是什么呢？不是看见底下很多人在拍手欢迎你，而是想象自己一步步走上台，我们的身子变得越来越大，越来越高，底下的人越来越小，这个时候你就不会紧张，开始放松，我们改变的是内在的次感元的画面，并不是改那个情节。

这并不是变相的逃避。因为当你的内在变了以后，你外在的表现也会变的。

我们总认为自我批判是一种真实，而对自我的鼓励、激励，自我的调整，就认为是逃避。

其实我们大部分人都会对自己限制：我不够好，我做不到，别人会取笑我，没有力量，我不会讲话，我赚不到钱……都是限制性的信念，它们才是一种真正的虚假。童年经历里的负面信息把你束缚在那，才是一种虚假。当你真正地认同了这样的虚假，你才是逃避，因为你不需要再付出代价，不需要再去做改变了。

方法：大笑静心

简单来说，大笑静心就是要笑，笑不出来也要笑。大笑静心是个很好的转变状态的工具，但是以前教大笑静心的人并不知道怎么转变。

这个方法其实最适合消除强迫和恐惧。

比如说，你想到一件事情，你很害怕。例如，一想到要上学，你就很害怕，你就想到各种阴暗恐怖的画面，这个时候，你就狂笑“哈哈哈哈……”

有的时候，你害怕得要哭了都不行，你必须要笑，但你要一直看着这个画面——你害怕的画面。你怕黑就看着那黑，怕狗就看着狗。“哈哈哈哈……”笑半小时，你只要投入地、疯狂地笑，半小时后，你愤怒焦躁的情绪就会有很大的缓解。

愤怒同理。当你情绪点很高的时候，你用大笑静心把那画面带着，看着它，然后狂笑半小时，你再看看这个愤怒还在不在。

大笑静心有两种练法：

第一种，你只是做大笑静心，只是笑，不做任何处理，笑，然后躺在地上放松。

第二种，你想要处理一个个案，你把你最害怕、最恐惧的东西带着，看着你害怕的画面。

你要看到的画面，你在里面的。什么叫你在里面的呢？就是你看到有一个像银幕、电视机一样的画面，这个是你，有手有脚的你，你得看见他。你看到你在里面，看到你怎么怕黑、怕死，看到你在看到黑暗时吓得发抖缩在墙角，然后，可以看到和你互动的那些人、事、物。这是第一点，看到这个画面你在里头，然后你就狂笑，然后让这个画面延伸。

延伸的意思，它可以变化，比如说怕死，“哈哈哈哈……”笑完了，还有什么怕死的呢？要注意保持画面，然后狂笑，身体也得动，半小时，情绪会有很明显的改变。

有的人可能会说我笑不出来，有的人会觉得：好无聊啊，这是在干什么啊，没意思。我笑不出来啊，干吗要笑？不行，要笑。大笑静心的要点就是“笑”。你只有在狂笑的时候，才会破除掉你的神经记忆。

我们本来有个画面，怕黑、恐惧、怕死、怕别人看我，这样的神经记忆突然遇到很荒诞的狂笑，增加了之前没有的细胞记忆，就把这些恐惧的记忆给冲淡和破坏了，也就是说，那些记忆的意义就不再牢固了，它就是这个作用。所以如果你们学会这招很有用。

【功课 1：探索视觉次感元】

1. 回想一件使你不舒服、不愉快的事情或者人，把当时的情景在头脑中重现，注意这幅脑中景象的一些特质：

（1）颜色：是黑白抑或彩色？若是彩色，注意是暗色、粉彩色、淡色，抑或鲜明的颜色。

（2）光暗：光线明亮或暗淡的程度。

（3）距离：景象中的事物距离你多远或近？

（4）清晰：景象中的事物是清晰的还是模糊的？

（5）大小：景象中事物的大小怎样？

（6）画面：景象是 360 度包围着你，抑或像电视屏幕般有边框的？

（7）动静：景象是静止抑或是活动（像电影）的？

（8）位置：景象（像照片）中心的事物，在你脑中的什么位置（左、右、正中、上或下）。

把上述的特质记下，然后想其他一些事：

2. 回想一次使你感到愉快的经验，把景象在脑中重现，检查一下上述的 8 项特质这次是怎样的，把它们记下。

3. 对比愉快经验和愤怒经验次感元的异同。继续寻找其他的愤怒经验，看看有没有相同的次感元。

【功课 2：处理内视觉】（引用自李中莹《重塑心灵》）

回想当时让你不舒服的场景，把所见景象放入电视机的屏幕上。（这是第一层的抽离，从主角位置变成观察者的位置；并且电视机意味着，缩小了画面的尺寸。这一步已经降低了情绪的注入程度。）

想象电视机放在架子上，有轮子可以推。试着把架子往左或往右推，一般用右手的人在推向左边时感觉更舒服。（左边代表过去）

在这个位置的上、中、下三个位置中，寻找感到最舒服的一个，把电视机放在那个位置。（一般是放在下面最舒服）（下边代表不重要）

把电视机荧光屏的动画景象调慢速度，并调到静止。（改变了视觉次感元的速度）

把颜色由亮调淡，由淡调暗，又由暗调到黑白。（改变了视觉次感元的颜色）

在荧光屏上加雪花、跳动等，就像风雨中电视机天线失调一样。（改变了视觉次感元的画面清晰度和图像）

缩小电视机和荧光屏，直到缩到4英寸以下。（改变了视觉次感元的大小）

把电视机推远，更可使之坠海或升空而消失。（改变了视觉次感元的距离和物件的有无）

备注：如果有推不动、右边比左边好、上面比下面好的情况出现，是事情中有重要的意义，案主需要把意义抽出储留在心里，事情的记忆才能移远。

第十章
通过改变时空的框架感来改变情绪

乍一听到时空这个词，人们会感觉很大，很虚泛，处理情绪还需要用到时空的概念吗？是的，我们之所以会陷入痛苦，正是因为我们处在一个比较收缩的视野维度，在这个维度里我们观察的时空的跨度太小。低维度意味着我们缺少全局的视野和变通。我们只把注意力聚焦在某一个时刻的负面信息上面，所以会觉得痛苦。

当我们过度聚焦眼前的事，过度聚焦于想要解决痛苦的时候，我们的头脑会不停地计算。如果头脑是个处理器的话，我们把所有的内存都用在了处理这件事情上，所以当我们的视野收窄，会进入翻来覆去的死机状态。就如同我们的电脑有的时候会硬盘灯狂闪、内存被占用超过 90%，其实也没有运行什么程序，只是程序之间的运算卡住了。

如何改变这种状况呢？我们在前面几章说过，改变自己内在的体验，就可以改变事件的意义。人的痛苦可以分两大类，第一种是身体本身所带来的，叫本体的感觉，比如说你吃饱了，感觉到愉快。你摔倒了，感觉到疼痛，等等，这些是本体带来的。

第二种是事件意义所带来的。比如有人对你不好、冷落、责怪、威胁，你对未来的恐惧、担心、焦虑、喜欢、兴奋等，这些都是由头脑翻译和转换带来的。

我担心我会生病，我好害怕我会死，我好担心未来自己会失业……所以我们正在考虑的事件给我们造成了很多的情绪困扰。但是我们忽略了一点——大脑是个 CPU，它是一种算法。既然有算法，就有它的权重。因此我们只需要改变头脑接收到的信息量，这个事件的权重就会下降，痛苦也会随之减少。

例如，你很担心自己会生病，这个时候你只要转换一下头脑的视角，想象你看见了世界上所有的人，他们都会担心自己生病，所有的人跟你一样。

你头脑的权重、算法会突然让你觉得这个世界上所有人都有相似的情况，你只是其中非常非常小的一个。这个事件突然变得没有那么重要了。

所以，依据头脑的计算和运算逻辑，当它认为你和大众一样的时候，这个问题的优先级就会被排到后面，也就失去了它的重要性，因这个事件所产生的情绪也不会那么强烈。这就是头脑计算的一种隐性逻辑。

我们被情绪裹挟的原因就是我们把太多的专注只放在了问题上，翻来覆去地处理一个问题，不断地产生情绪。

有一些过于敏感的人总担心自己的同事是否喜欢自己，是否对自己有意见，朋友稍微说一两句话就会敏感地记在心里，想着自己是不是招别人讨厌了。可是他们没有想过，如果在战争年代，他们哪还有心思想这些，他们想的只有存活、食物、水源等基本需求。也就是说，当你头脑中有更重要的事情，你关注的事情的权重就有了变化。

当权重发生变化以后，事件的意义对于头脑来讲将会有另一种解释。收入一个月 1 万的时候，你在心里想着：如果我一个月挣 5 万多开心啊。当你一个月挣 5 万的时候，你就又开始想：一个月挣 10 万多开心……

这其实是头脑的一种计算逻辑。它不断把信息摄取进来，进行计算分配权重，去发现它的重要性、优先性，然后给出意义，产生情绪，让你行动。

所以一个事件所带来的痛苦和快乐，都是头脑的一种计算，它是可以改变的。

最简单的一个小技巧就是改变参考空间（参照系）的大小。比如，你焦虑股票的亏损；担心孩子的成绩；老板今天把你臭骂了一顿；你跟你的先生或者太太相处得不愉快，让你很苦恼……这个时候怎么办？

首先，你要去看你头脑里所有的信息是什么，所有的信息就是这一个小小的空间。当头脑在这个空间里处理信息的时候，情绪就会在这个空间里环绕，因为这里面的东西都是让你不开心的情绪。这时候，这个空间的范围是很小的，这些事件在这个空间里占据的权重反而比较大。

因此，你可以尝试扩大这个空间，比如，你正坐在办公室里苦恼，那么可以闭上眼睛，你想象你正在观察的空间不但包括了苦恼的人、事、物，同时你的意识、视野所照顾到的空间在不断扩大。尝试将你的视野扩大到公司，扩大到整层楼，扩大到整栋楼，甚至你可以看到公司所在的街区，然后再看到整个城市，看到整个城市的车水马龙、人来人往，整个城市的悲欢离合……

可以尽量扩大你的视野，放大到一个省、一个国家，甚至放大到星球，你也可以放大到宇宙那么大，想象你自己在太阳系中的一个星球上的一个很小很小很小的地方，在疯狂吵架的样子。

当你认真地观想的时候，尤其是把宇宙的大小和让你烦恼的事物的大小都想象出来以后，当你这样去做观想，你会发现之前很强烈的情绪突然就消散掉了，这其实就是因为苦恼事件在大脑中占据的运算比重、带宽降低了。

扩大视野时，有以下几个要点：第一，慢慢扩大视野。空间的扩大需要慢慢来，如果你一下把自己的视野范围从办公室扩大到宇宙，你可能会无法适应。第二，每扩大一点，都详细地去感知。比如，你觉得在家里面不开心，你可以在这个基础上慢慢放大这种不开心，从房间里，到楼道里，再到整个小区，直到整个城市这么大，你可以体会一下，在不同的场景里面，你自己身处在哪一个点，就像很小的像素一样的那一个点。

你不需要改变事件本身，只是去改变参照物、参照体系的空间的大小，就会获得截然不同的意义。我们的大脑就是这么神奇。

海阔天空减压法

根据改变空间大小的原理，我设计了“海阔天空减压法”，随时都可以使用。

第一步，找到你经受压力的那种感觉，在各种各样的情绪里、问题里的感觉，去投入，去经历。经历的意思是指你去体会在怎样的场景里面，对怎样的人说怎样的话，身体是什么感受，情绪是什么，信念是怎么样的。这个时候你闭上眼睛往后退一步，好像可以看见前面的不开心的自己，你就从一个主角抽身到了一个观众。

你可以往后多走几步，想象自己是在宇宙很深的地方，看见前面的很小的一个星球——地球。你在银河系当中无限细分的一个点上面找到地球，地球里面更小的一个点，就是处在问题当中的你。

这个时候你可以闭上眼睛，环顾四周的银河，环顾这些星球，环顾苍穹，做个深呼吸。你可以睁开眼睛，再去体会一下，重新想起刚才那个事件，感受一下自己的压力感、不愉快感有没有减少。

第二步，改变时间的维度。改变时间的维度有三个方法：

1. 你可以去看见整个时间长河。我们现在的痛苦基本上都持续在很短的一个时间范围内，当我们把时间线拉得很长，它的意义就会改变。原理跟改变头脑中空间大小的权重算法类似。

2. 尝试去到未来。我们有担心，有焦虑，你可以想象你变成年老的、很智慧的样子，然后回过头来看现在的问题，给现在的你传达很多的建议。

3. 回到过去。尝试回到过去改变事件在过去的意义。(这就是 NLP 重塑印记的原理。)

当你对未来经常有不确定和担心的时候，我们可以想象一下，自己的眼前是未来，身后是过去。我们和未来有一个距离，也许是事件截止的时间。虽然不知道结果怎么样，但我们可以想象这个事情在未来的那个时间会完成。我们可以慢慢地走过去，一步一步走过去，想象它越来越靠近，越来越靠近。然后你到达了这个时间点，并且度过这个时间点，也就意味着我们的焦虑结束了。

面对一场让你十分紧张的考试，你可以想象现在的你已经一点点承担，并且完成了考试。当你处在这个时间段，再回头来看一看现在担心的你，你会突然发现事件的意义不一样了。

当你完成了一件事，再看过去的自己时，你可能会更加放松，有更多的建议。所以，你改变了时间的框架，改变了你自己内在的信息和观点，甚至你会告诉过去的自己：放松，你可以发挥得很好的。

这个方法适用于很多情况，当你考试紧张、面对工作压力、生意压力……都可以经常想象你顺利地度过了这个事件。当你完成了以后，回过头来看现在焦虑的自己，去给他/她一些建议，这些建议会是非常有帮助的。

你很想成为公司的总经理，但是现在还只是个小职员，怎么办呢？最简单的方法就是想象自己未来某一天已经达到了这个位置，站在这个位置上，告诉现在的自己，你可以怎样走过来。这也是心想事成的一个秘诀。

我有一个朋友，碰到公司裁员，中年失业了。他一度很焦虑，不知道何去何从，在家待了快半年也没有找到合适的新工作，失眠、脱发甚至抑郁到尝试自杀。

发现他的状况不好，我就推荐他用上面的方法来调整自己。

他先改变空间的大小。不再局促在狭小的房间里、在电脑前抓耳挠腮，而是多出门走走，去菜市场、医院、公园，看到了很多人间疾苦和欢乐，扩展心胸。

每天晚上会做冥想，想象空间一直扩大到浩瀚的宇宙，反观自己也不过是一粒尘埃都不如的渺小人类，经历的也是很多人都会经历的悲欢，自己失业的问题简直不值一提。

然后让自己去到未来。他给自己设定的是，一年后在新的岗位上过得还不错，薪水足以持家，职位还算体面，想到这些，他对现在的自己摇头：“唉，多大点事儿还寻死觅活的，你看你现在不是过得挺好的吗？而且就是因为这些痛苦才让你有了新的能力啊，你应该感谢这些痛苦！”

通过这个方法，他很快调整过来，迅速打起精神，重新找到了工作。

“时间的长河”

在时间框架中，“时间的长河”也是常常被用到的方法。如果说你有很多让自己焦虑担心的事，这个方法会很有效。

第一步，给你的焦虑、压力的级别打个分数。

第二步，想象你面前是一个巨幕电影，你可以通过这个屏幕看见自己的担心。

第三步，想象你眼前看的电影，播放的是从过去到现在几千年的历史，有无数人和你有相同的经历、类似的遭遇的人。你可以用快播的方法，看见在不同的国家、不同的地方、不同的省市、不同民族的不同的人，都有相同的经历。他们都可能曾经失败过，曾经流离失所过。那些恐惧、害怕、失败甚至死亡，在这么多代的人当中，不停地循环着。

所有的一切都发生了，最终所有的一切也都过去了，无论他们如何担心、如何害怕，所有的事件最后都完结了，新的一代又产生了。

用这个方法在大银幕看这些，你会神奇地发现之前高达8分、9分的焦虑、压力、担心突然就变化了。

当然，你也可以再加一些处理。比如想象你看见自己的后代、后代的后代……你会发现你不再是历史长河当中最后的那个点，而是中间的点，你所经历到的所有痛苦、遭遇、彷徨、贪婪、抑郁、嫉妒、悔恨、内疚，你的前人后人也都一样会经历。这个时候你会瞬间放松下来，甚至你会领悟到更多智慧。

我们头脑里面所感觉到的时间和空间，只是一种选择，甚至是一种“错觉”。所以我们千万要留意，当感觉到自己非常苦恼的时候，可以通过改变时间的维度，改变空间大小的方法，改变我们之前的滤镜与执着。

相反，当你把你所有的注意力聚焦在问题上的时候，没有快乐、没有洞见、没有智慧能够进到你的脑袋里。

【功课】改变框架，改变事件在头脑中的权重和意义

1. 想象一些要处理的问题场景大概有多大的空间，在你身体周围的哪个位置。

2. 做个深呼吸，然后想象把事件场景推远一点，让你可以看到周围的环境，人、事、物。

3. 再把事件场景推远一些，想象从天空中看到整个城市，建筑、街道、车流、人群。在城市里的一个很小的角落是“事件经历”的位置。去再次体会下感受的变化。

4. 再做一个深呼吸，想象自己看到整个国家，有一块很小的区域是你所在的城市，在这一小块城市里，有一个很小很小的点是“事件场景”，有一个更小更小的点是你自己，在这个更小更小的点里，有你自己的一些对过去经历的恐惧。现在你看到了什么？

5. 继续把这个画面推远到整个地球，你仿佛置身在宇宙的当中，找找看，地球上哪一小块是你的国家，再往下找有更小的一点是你所在的城市，有可能你会很努力地去找一个更小更小的点是你的“事件场景”。现在感觉怎么样？

6. 现在我邀请你想象，当你置身在宇宙中，看着地球上有无数的人，他们中间有很多很多人和你有着类似的经历，每个人在成长过程中都会遇到各种各样的事情。很多很多人心里都有和你一样的惊吓和恐慌的情形。然后对自己说：“是的，这很正常，没有任何问题。”现在感觉怎么样？

第十一章
情绪释放的技术

情绪释放有个很好的方法叫莱斯特释放法，有的地方称为圣多纳释放法，它的创始人叫作莱斯特·利文森。

莱斯特曾是一个非常成功的犹太人。他42岁之前的人生是赚钱、享受生活。但是，就在他功成名就之时，人生突然发生了变故。他患了绝症，医生放弃治疗，宣布他只剩三个月的生命，于是他也放弃了自己，每天躺在家里等死。

但他同时也是一个非常智慧的人，他开始思考自我的真相："为什么我看起来这么成功，但是居然走到了这一步呢？"他不停地思考，发现在他的人生当中有很多相似的经历，每当他带着强烈的欲望想要去做什么事情的时候，总有些不好的事情发生。但是当他非常平和、非常喜悦的时候，总是有好的事情发生。

经过不断的思考，他发现了个人提升和成长的终极方法，那就是释放掉自己最核心内在的限制。三个月后，他的身体不仅完全恢复了健康，还继续活了42年。

莱斯特的钻研方向是去除内在的限制性信念、负面的情绪，等等，所以他专攻的是清理术，也叫释放法。

释放法的根本原则是“我们其实并不需要多做些什么，我们的本性是快乐的，是全知全能的，是无限的一种存在”。但是现在我们为什么会遇到问题？是因为我们的心中积累了很多的习性、习惯、固定的见解、知识上的障碍或者一些妄想……这些东西困扰着我们，而这些东西就是我们所称的小我（ego）。

我们经常用的清理的方式，就是找到小我最容易表露出来的两种表现，第一是情绪，第二是信念或者念头。

想象一下，你一直在担心你的工作，担心你会不会失业，失业后有没有人照顾，会不会家破人亡……当你掉到念头里的时候，负面情绪就会升起。这时候你整个人就在负向的能量里。未来的你有工作还是没工作，都不重要了，重要的是你现在已经掉在负面的思绪、情绪、状态、预期里。

所以释放法的本质就是，无论我们将要经历的是什么，有怎样的可能，我们现在能做的最好的准备，就是将这些往负向拉扯我们的东西清理干净。

有位女士家庭氛围很正常，但她总是摆脱不了怀疑老公的模式，动不动就疑神疑鬼，猜测老公是不是外面有人了，一点小事就怀疑老公不爱自己了。明知道无中生有地怀疑是不对的，所以每次有这样的念头，心口就会堵，很焦躁，但又控制不住地去想。

这个情况下她就可以用莱斯特释放法去处理。要明白头脑是全自动的一个程序，会自动不停地产生念头，内在的一个怀疑的念头、种子出现了，头脑就会源源不断地产生各种相关的念头，所以她需要改变的是自己的内在。

当我们把内在的焦虑、苦闷、内疚、担忧、愤怒、委屈、抱怨清理掉了，剩下的就是平静、喜悦、宽容……不再被小我升起的各种各样的妄想带走、拉扯。

那么如何定义念头？念头并不是我，也并不属于我。很多人认为念头是“我在思考”，所以想到一个问题的时候，就会习惯性地追随这个念头去分析、解决它。

比如，前文的女士担心丈夫会不会喜欢上别人，这就是念头。通常的情况下，我们会认为这个念头是我的思考，就要认真地去分析它、解决它。

但事实并非如此，我们的大脑会无限制地产生念头，它根本不停止，哪怕做梦的时候都不停止，也不受你的控制。

有的人进不了冥想状态，觉得自己头脑很乱，会觉得是冥想方法的问题，或者说自己不适合冥想。其实这根本不是冥想的问题，而是你脑袋中念头的问题。冥想不是让所有的念头都不升起，起初做冥想练习，很多人都是妄念纷飞，这不是冥想的问题。我们之所以做冥想，就是让你看见自己是妄念纷飞的。如果你长期做禅修或者经历十几天的闭关，你会发现自己的头脑是极其疯狂的，你根本没有办法控制它。

99.99% 的人根本没有办法让你自己的念头止息，念头就像一个全自动的吹泡泡机，无止境地产生新念头。

所以我建议大家可以多去冥想，当你在冥想，想要止息这些念头的时候，你就会发现念头根本不是你的，而是一个全自动的程序。所以，当有一个念头产生，你再扑上去分析它，只会让更多的念头产生，更多的情绪产生。

在释放法里面，我们只是把念头扔掉，把念头当成眼前飞来飞去的树叶。

除了这些纷飞的念头外，很多人还会有强迫的念头。有的人怕鬼，有的人怕死，被这种念头裹挟后，他们越想会越害怕。

人们都知道要发出正向的能量，不要想那些负面的东西。但是往往你越担心，事情的发展就越不受你的控制，关于孩子的未来，关于健康、事业等。

有时候你明明告诉自己要睡好，不要去想那些让人睡不着的东西。你会发现你的头脑根本不听你的，你就是会去想一些稀奇古怪的东西，你的大脑会兴奋起来，让你失眠。因为我们前面讲过，我们大脑的机制是很远古的，我们的爬虫脑是在上亿年前形成的，哺乳脑、新脑也很久远。头脑有无穷无尽的念头，在远古时期是最利于生存的，那个时候的头脑永远有一种紧张感才能避免危险。但是我们现在如果还保留这种模式和习性，就会始终感到紧张焦虑。

念头像河流一样，在你的大脑里不停地产生，你不必去抓取它，除非想用它的时候再去用这个机制。情绪也是一样。如果说念头是一个喷泉，那么情绪就是跟随着喷泉的河流。你的念头到哪里，情绪就到哪里。如果念头是风，身体是河床，那过去的经历是流水的落差，情绪就是自动的河流。如果河水涨潮，就会发水患，会把岸上的庄稼、村落给冲走。人体也是一样的。

我们身体的河床能够承载的情绪量是有限的，当情绪超过一定的限度的时候，第一情绪可能会淹没我们，第二情绪和念头也一样，并不一定就是合理的。

莱斯特曾经说过，我们内在的很多的问题，归根到底都会基于三种基本的欲望——想要认同、想要控制、想要安全，这就是人底层的几个核心代码。

对安全的欲望，就是想要生存下来，远离风险，解决潜在的危险。

想要控制外界，想要控制结果，减少不确定性，就是人和自然的关系，想要减少宇宙万物给他带来的风险，想要让结果按照自己想象的发生，想要让别人符合自己的价值观和行为准则。

想要认同，也就是人和人的关系，祈求被接纳，获得爱，比别人更好，获得排他的特殊对待。

这三个基本欲望也是我们进化的过程中帮助过我们的东西。

同时这三个基本欲望决定了我们的小我（ego）是匮乏的，也就是我们自己的内在认为我们是不安全的，是失去掌控的，是需要被认同的。但是这几个核心代码已经太原始、太古老了，当这几个核心代码控制我们的时候，会引发匮乏感，包括恐惧、愤怒、内疚、沮丧等。

莱斯特释放法

莱斯特释放法有一个大原则，就是我们自己想要摆脱小我的程度要高于我们想要控制、想要被认可的程度。

如果你觉察到自己的负面情绪，你要给自己做一个决定："我现在真的想要解脱这些，我真的想要清理这些。"如果你不做这个决定，后续是没法进行的。

有位学员在做莱斯特释放法时，感觉到有些害怕的念头不敢释放，同时对于念头的执着也不敢释放。

这种情况下她首先应该释放的其实是"不敢释放恐惧念头"。释放掉这个执着的念头，相当于系着其余念头的总钢丝绳松动了，其余念头才有被释放的可能。

为什么不敢释放呢？有可能是觉得自己没有力量，害怕自己承担不了释放念头的后果。有可能这些念头产生的时候，当事人还没有足够的力量去控制它们。还有一种可能是她内在的资格感不足，导致她觉得不经过某些人的允许就不敢去释放掉。所以她需要同时做自我价值的练习，然后对不敢释放这些念头的这个念头进行释放。

莱斯特释放法是一个可以不断进行的长期过程，并不是说释放一次就结束了。因为我们的头脑在不停地升起念头，不停地让我们产生情绪，所以需要不停地清理。

这个释放法像一只鸡毛掸子。看到哪里有灰，你就用掸子把它掸掉。但是你掸过一次后可能还会继续落灰，哪怕家里永远会脏，但是你只要持续地打扫，家里总是干干净净的。

莱斯特释放法的步骤

首先，找到一个想要去清理的主题。比如悲伤、愤怒、做不到的无力感……你可以清理情绪，也可以是清理念头。

第二步，把注意力集中在自己的情绪中心胸腹部的位置，去感受一下你身体的感觉。接下来问自己下面几个问题：

1. 我想要改变这个状况吗?

2. 我有没有能力放手让这种感受离开?

3. 我要不要放手，让这个感觉离开?

4. 我什么时候放手让这个感觉离开?

这四个问题是莱斯特创立圣多纳释放法时最初的四个问题，我把它做了改良，改成以下四个问题:

1. 我能允许这种感觉浮现吗？我们回答：是的，我允许。

2. 我能够释放这种感觉吗？我们回答：是的，我允许。

3. 我愿意释放这个感觉吗？我们回答：是的，我愿意。

4. 什么时候释放？我们回答：现在。

然后做个深呼吸，将它释放。这四个问题可以重复使用，直到你自己感觉到轻松愉快。

比如今天你跟人吵架了，心情很差，非常沮丧。我们怎么用莱斯特释放法清理这个沮丧的情绪呢?

我们可以问问自己:

1. 我能允许沮丧的情绪浮现吗？然后做个深呼吸，感觉一下沮丧的情绪在哪里。它有可能在胸口或者背部。接着你回答说：是的，我允许。

2. 继续问自己：我能够释放这种情绪吗？你说：是的，我可以。

3. 继续问自己：我愿意释放这种情绪吗？你说：是的，

我当然愿意。

4. 继续问自己：什么时候释放？你说：现在释放。

5. 最后，做个深呼吸，想象你把你胸背部抑郁的情绪释放掉，再体会一下现在的情绪还剩多少。

莱斯特释放法是一种很轻巧的释放法。所有的念头情绪随时升起，你可以随时释放。当你非常熟练以后，可以把莱斯特释放法做成一个适合自己的精简版，当我观照到一个念头、一个情绪，我就问自己：什么时候释放？告诉自己：现在。然后做个深呼吸就把它释放掉。

有一个学员想要释放赚钱的压力。赚不到钱的时候，有生存压力，赚到钱的时候，又害怕自己会承受更大的风险。

他需要看到，压力的背后其实都来源于恐惧，恐惧的最大的根源是恐惧死亡，恐惧你自己付出的一切都化为乌有，无论赚得到还是赚不到钱，他都对未来有很多念头投射和想法，那些念头产生了恐惧。所以核心是处理自己跟恐惧的关系。

他要释放的不只是情绪，还有念头。

有的时候你会发现你可能不愿意，或者无法释放一种情绪、一个念头，这个时候你可以首先清理“我不能够释放”的念头或想法。换句话讲，你首先要去释放对这种情绪的执着。

有时候你释放完一种情绪以后，另外一种情绪又会升起。比如你和孩子起了争执，你很愤怒，你骂了他。但是当你释放完，你可能会发现随着愤怒的消退，悲伤反而升起了。

所以，情绪有时候是在掩盖其他情绪的，当你体会到悲伤的时候，你可以说“我愿意释放这种悲伤吗？”“我愿意。”“我什么时候释放？”“我现在释放。”做个深呼吸，再把悲伤也释放掉。

我们要明白莱斯特释放法的原理，所有的情绪、所有的念头，并不是真实的，它并不是一个“我”的实相，都可以被清理释放掉。虽然你体会到了这种悲伤、委屈、愤怒，但这并不意味着你就必须要待在这种情绪里面，哪怕曾经发生了什么，你也不一定要待在情绪里面。情绪状态和能量是可以被选择的。

释放法就是一个可以随时被运用的方法。你运用得越频繁，你就越会发现它产生的附加的好处。那就是当你每产生一个念头、一种情绪的时候，你很快就能够看见它。

第十二章
重塑自我价值感

自我价值感低，在我们这一代人中是非常常见的话题。当我们认为自己没有价值、没有资格、不配得的时候，在人际交往中就会引发很多的负面情绪升起。

那么自我价值感低到底是一种什么样的感觉呢？认为自己不够好，自己不值得，自己不够优秀，我不配得到更好的东西，我不配拥有好的命运，好的事情也不会发生在别人的身上，我没有资格和别人去争，我没有资格让别人不满意。如果发生了什么，我需要把机会让给别人，等等。

自我价值感低的时候，脑海里出现最多的词就是别人、他们、其他人，等等。小心别人会怎么样笑话你，小心别人怎么看你……

自我价值感低会引起哪些常见的问题呢？

第一是内在的冲突——觉得自己不够好，没有能力，内在有一种很深的羞耻感，不爱自己，对自己不满意，讨厌自己，憎恨自己，觉得自己没有力量，没有自信，自卑。

这些自我冲突会让你觉得自己不够完美，自己没有资格获得好运气，好的事情也不会发生在自己身上。当我们的内在处在这样的能量和情绪状态下，我们会吸引来那些不好的事情的发生。

你是不是曾经也有这种时刻？特别在意别人对自己的看法，对自己做的事没有自信，写了一个报告，完善了无数遍，最后在不得已情况下才敢和上司沟通。更有甚者，如果写报告的途中有同事走过，就会很紧张，本能地把页面关掉。

总是会担心别人的批评和批判，希望自己做事完美，但是没有人是完美的，我们要告诉自己内在的潜意识的部分，很多时候我们是可以允许自己不完美的，允许自己犯错，这样你做事才不会带着紧张，而是带着喜悦。

所以如果你认为你自己的内在还是不够好，没有价值，没有资格获得幸福、快乐和金钱，那么，你想象的这样的事情就会发生，你的确得不到幸福，的确会吸引来那些伤害你的人，的确会损失掉金钱。

第二，自我价值感低的人不敢表达愤怒，总是压抑自己的情绪。因为他们会顾及别人的眼神，他们很难开口表达自己与众不同的意见，每次总是忍让，哪怕被人欺骗，他们也很难有勇气去拆穿。他们做得更多的是宁可委屈自己而去相信对方，哪怕他明明知道对方是个骗子，也愿意调整自己，相信对方。

第三，害怕各种各样的冲突，因为内在没有力量，不知道怎样去和对方平等地相处，所以很害怕冲突。尽可能地逃避和避免矛盾，害怕愤怒的人，根本没有办法应对。

我们在负面情绪的正面意义里曾经讲过，愤怒这种情绪的正面意义就是给我力量去改变那些我不想接受的现实。所以，如果你的内在没有力量，没有价值，对外表现出的最主要的一个特征就是没办法表达愤怒。有人说，一个不会发脾气的人是情绪稳定的，其实，不会发脾气和不愿发脾气是两码事，前者是能力，后者是意愿和态度。

自我价值低，还影响着我们和他人之间的关系。

第一，怕出错。他们不愿向别人求助，怕被拒绝，怕被嘲笑，怕被批评，害怕得罪人，经常会去揣测别人的一些想法，想要讨好对方。有的时候发生了一些不愉快的事情，他就会不停地想，不停地揣测，同时会很容易因为别人的言行而愤怒，也许别人的一个眼神、一些话语都让他久久不能消化。

第二，产生社交恐惧。这些人看到别人什么事情都比自己好，就会有嫉妒心理。在关系中，他们自己的情绪也非常容易受别人的行为语言的影响。

很多大龄单身女青年，内心其实很渴望亲密关系，但每次接触对象都感觉不合适，一方面觉得自己太挑剔，一方面觉得羞耻、委屈，怀疑自己，觉得自己很丑、没有气质。

事实上，吸引好的亲密关系，最简单的方法就是你要非常爱自己，可以每天对自己做正向的宣言。相反，你觉得自己很不好，内在的这种认同会用种种的方式在外在显现出来，你会用负面信念的过滤镜去过滤它、解读它，出来的结果都是对方可能不喜欢你，他看不上你，但是对方很可能根本没这么想。

从你的内在着手，让你自己能够爱自己，才会获得好的关系，无论是人际关系还是亲密关系，都是如此。

当自我价值低的时候，还容易出现一些看上去很稀奇古怪的行为。比如一个是对自己好的选择，另一个是坏的选择，自我价值感低的人、没有资格感的人，有的时候会去选更糟糕的答案。因为好的答案和他的潜意识是冲突的，潜意识认为自己不够好，没有资格获得更好的东西。比如，选择一个不合适的伴侣；选择一个更差的工作职位……因为当他要选一个让自己更丰盛、更开心、更幸福的选择的时候，会觉得如果这样做，就意味着自己要改变自己、要有压力。所以潜意识让他做出一个最差的选择。

虽然做出最差选择的时候心情是沮丧的，但是这意味着他不需要承担更多的责任，意味着他可以停留在现在的痛苦里面。所以他的内在反而会有点放松。这就意味着当他自我价值感低，自我没有资格感的时候，他会做很多的自我破坏，破坏掉自己好的、正确的方向。

我曾经接触过一个学员，夫妻关系比较融洽的时候，他反而很难受，总想找一些由头吵架，这就是典型的自我价值感低。他没法接受自己的家庭是幸福的——我不应该生存在这样的家庭里面。我要找一些事情去吵架，去破坏这种和谐的氛围。

当这种好的氛围被破坏，争吵和打斗发生，他就会觉得这就是我应该得到的。当然这不是头脑想的，而是潜意识感知到的。

自我价值感低的原因

我们为什么会有自我价值感低的问题？这跟我们的童年有很大的关系。小时候受到最多的教育就是“你要让给别人，要像孔融让梨一样，把你最喜欢的东西让给别人”，当我们这样做的时候，我们会获得夸奖，仿佛别人更重要、我不重要一样。

在很多的教育经历中，我们被要求去遵守所谓的权威专家、老师、长者的意见，仿佛他们更重要，仿佛他们决定了一切。我们被教育成：自己的观点不重要，我们是没有资格说三道四的，没有资格表达我们自己的意见，我们是没有资格生气的。

在很多父母的眼里，小孩子生气是非常不好的一件事情。首先，在他们看来这意味着没礼貌；其次，不可控，这是个坏习惯、坏脾气。但是他们不知道，在你小时候，生气是建立自我的过程。

什么意见都和你一样，什么都听你的，那不是自我，而是附庸。当意见不一样的时候就产生了控制权的争夺，就需要用愤怒来表达我们的界限，表达我的主权和控制的这种情绪。

但是在很多人童年的时候，这些表达愤怒、表达拒绝、表达不一样的需求被压制下来了。很多人倾向于做一个乖乖的孩子、完美的孩子，很多女生也被要求要知书达理，不需要发脾气，你只需要听话就可以了。所以听话成为评价孩子好坏的最主要的一个标准。

因此你怎么可能有自我的价值感，怎么可能有自我的资格感呢？你只是需要做一个听话的人而已。所以总有人比你更重要，总有人比你更有资格去判断这种价值，判断对错。但是那个人不是你。道德和正确的判断权在那些大人、权威的手里。

当这样的模式形成以后，你从小到大，过去的十几二十年都是这样子的，都需要看别人的眼色、听别人的号令、遵循别人的判断而成长。那么当你长大后，你怎么可能突如其来地改变？你怎么可能突然变得有勇气、有力量？你怎么可能走上自己想要走的路？

所以原生家庭对孩子自我价值的塑造起着非常重要的作用。有一个各方面条件都很好、家庭温馨富裕的女孩，性格非常懦弱自卑，在职场中总是充当老好人角色，平时被摊派一些不合理的工作也总是默默承受，就算心里不情愿不高兴也不敢表露出来，长期如此积累了很多愤懑抑郁。

从交流得知，她小时候是留守儿童，从小在农村跟着外公外婆长大，父母那时候忙于工作，只能逢年过节回来看望几次，扔些钱就走了，一些不知轻重的乡邻还经常开玩笑说父母嫌弃她是女孩所以不要她了，直到十几岁上中学才被接回父母身边，但童年的性格已经形成了，并且跟父母相处也不是很熟悉，又沿袭了一段时间的讨好自卑行为。

这就属于典型的自我价值感缺失，并且在这个时代依然有很多留守儿童正在面临这个情况。

自我价值感低的第一个原因，就是童年不被允许，被压制的经历。所以当你的孩子表达拒绝、表达抗议、表达叛逆的时候，你首先要高兴，高兴他在用自己的力量生长，他想跟你不一样，想做自己的主，这是一件好事。

第二个原因，是我们无法接受自己。没有人比我们更了解自己，所有人都觉得我们很好，但是我们的阴暗面只有自己最清楚。

有可能是不接受自己的外貌——觉得自己太难看了；有

可能是能力——觉得自己各方面的能力不行，没有别人优秀；可能是勇气——我觉得自己太懦弱了；或者自己曾经做过一些不好的事，所以从道德上判断自己不够好，没有办法接受自己，也不配得到更好的生活。

曾经，有一位学员咨询说，他每次想要表达自己的主权、维护自己的利益，就会内疚，不明白其中的原委。为什么人维护自己利益的时候会内疚？其实是因为你的自我力量不够。你觉得你没有那么重要，你得到一些东西，就必须让渡一些东西给别人。

当我们无法接受自己的时候，我们就产生了恐惧，很想隐藏、战胜自己真实的一面，所以我们产生了内在能量的消耗。

当你看到镜子中的自己，看到镜中的那双眼睛，你升起的更多的是欣赏、赞美，还是一种发自内心的对自己的讨厌？如果你无法正视自己的眼睛，说明你的内在对自己根本没有认同，甚至还有很多憎恨。一个讨厌或者憎恨自己的人，当然很难获得好的运气，获得他人好的对待。

需要做哪些练习？

对没有自我价值、没有资格感的人来讲，他首先需要做

“表达自我、表达拒绝、表达力量”的练习。这个练习可以通过表达愤怒来实现。你可以看看身边那些很难表达自我、拒绝别人的人，他们中大部分是没办法发脾气的，因为他根本没有力量发脾气。

发脾气和表达愤怒的意思就是：“我跟你是不一样的，我现在发脾气了，你可以不高兴，要你自己去担着。”这是一种力量，是我比你更有资格，起码是我可以和你平起平坐的感觉。

如果一个人没有办法表达愤怒，他通常是害怕冲突，害怕得罪人的。这样的人会有很强烈的恐惧和担心，脑子里的念头很多，当你有能力说出“不！”，释放出强大的愤怒的能量的时候，你的自我力量和资格感就会变得足够强。

我碰到过一个腼腆的小伙子，他在管理着自己的家族企业。很多工人都不听他的话，取笑他，他也没办法管理这些工人。我和他说，你试试表达一下你的愤怒。他憋足了身上所有的劲儿，脸涨得通红，但始终表达不出来。我和他说，没关系，你多试几次。

我向他演示怎样用动物的本能去表达愤怒，想象一下，仿佛你有摧毁一切的力量去表达这些愤怒，让积压的情绪释放出来。

他做了很长时间的准备，还挑了个道具，就是把一本杂志卷在手里面，酝酿了十分钟以后，狠狠地把这个东西砸在桌子上，然后破口大骂，“你们都太过分了！”……当他做完这些以后，我问他感觉怎么样，他说太舒服了，太畅快淋漓了，他从来没有感觉到那么的痛快。

所以，表达“不”、表达“拒绝”、表达“愤怒”是一种力量，一种资格。凭什么我就不能否定你？为什么我不能拒绝？为什么不能发怒？我可以最大程度地去表达我的愤怒。

愤怒当中蕴含了巨大的能量。所以，拒绝的练习很难通过头脑来做到，因为你明明知道应该拒绝他，但是面对面前这个人的眼神的时候，你会逃回来。所以拒绝练习必须要通过你的身体，通过肢体的体验去完成。

过去的家庭教育普遍是遏制愤怒的教育，同时也打压了我们的资格感和力量。面对小孩发脾气，家长有时候还会说：“呦，就你还发脾气，你有什么资格发脾气，你那么小，我供你吃，供你喝，你还发脾气。”这其实是在给他的潜意识“催眠”，意思就是“你什么都不是，你不配，连发脾气的资格都没有”。所以，下次面对孩子发怒，你可以尝试不要打压他，不要取笑他。允许他有情绪，他可以表达情绪，你只是和他就生气的原因进行理论而已，而不是消灭掉他生气的权利和资格。

当然，这并不是要大家随时随地都不讲理地发脾气，为所欲为，我们只是把愤怒作为一个工具来帮助自己，而不是被愤怒吞噬。特别是对不能发脾气、不能表达资格界限的人来讲，你需要练习的第一步是表达愤怒！仅仅是第一步，千万别搞错了。

愤怒是恢复资格感最便利的方法。当你用完了以后，你要把它放下，不是把自己变成魔鬼。我们释放掉愤怒，并不是以愤怒为终结，而是以平静喜悦为终结。

愤怒的练习可以结合引爆情绪的练习一起做，先通过快速混乱地呼吸，让你的左半脑足够过载，然后把压抑的情绪全部释放出来，在第三个阶段归于平静。这是一个很好的增强资格感的练习。

一个能够发脾气、敢于发脾气的人，他需要练习的就不是愤怒了，而是变得更加灵活，能够化解自己的愤怒。所以释放愤怒只是工具，不是目的，再次强调一遍。

第二个练习是做内在小孩的自我对话，或者叫作接纳自己的小孩。当我们内在没有力量的时候，往往会退行到一个孩童的状态。

曾经有位个案和我说他的经历，只要一发生冲突，比如别人对他稍有一些攻击，他就会像小孩一样，手足无措地站在那，很恐惧。这是因为我们的创伤本身是有年纪的，所以我们把那个年龄状态下的自己，叫作内在小孩。

也就是说，你可以跟自己的内在小孩对话，觉得自己很没有自信、不勇敢、没有力量、不配得到……你可以将一只手放在自己的胸口感觉一下，体会这个时刻的自己是几岁，听听你的直觉告诉你几岁，然后去和这个年龄的自己对话，给他一些鼓励、安慰，给他支持。再想想那个时候的自己为什么会形成这样的模式，就是因为在那个年龄，他没有获得足够多的支持和力量。

在和内在小孩对话的过程中，我们可以用到“空椅子法”（这个方法我们后面一章会提到）。你可以想象看见内在小孩，跟他对话：“我想要帮助你，你愿意吗？你需要我怎样的支持？”你可以站到内在小孩那一方，变成他的样子，用他的语言、他的口吻去表达他想获得的支持。你们可以进行这样一来一回的对话，给内在小孩足够多的支持，不仅如此，还要给他爱，给他关心，给他欣赏，给他赞美。当然，你需要发自内心地做这些。因为我们那么多的创伤都是因为曾经的爱不足够，所以你现在需要去弥补它。

在做内在小孩接纳的练习中，有一个很重要的点，你需要时刻提醒自己，你现在是以一个成人的状态和内在小孩沟通的，你不要让现在的自己也掉到创伤里面。因为两个在创伤中的小孩沟通，是没有结果的。

当然，每个人内在的小孩都不一样。一位学员做接纳自己爱自己的练习时，发现自己的内在小孩一直低着头，不敢与成人的自己四目相对，无论怎么努力也无法让内在小孩抬头，每次做完练习后都有点忧伤。

她应该看到，内在小孩低下头是因为她并不想看见别人，有很多的自卑自怜。作为成年人的她可以想象拥抱自己，慢慢地、耐心地跟内在小孩说话，取得她的信任。而这，是需要时间和过程的。

她可以持续不断地做这个练习，经常发自内心地告诉内在小孩："放松，我知道你的内在有很多的忧伤，没有关系，你那时候还小，现在长大成人的我可以陪着你，你愿意我陪着你吗？"

就像面对自己的孩子，如果孩子低着头，大人就会很生气："我跟你讲话，你怎么不看着我？"千万不要用这种口气去对内在小孩说话。内在小孩本身就是受伤的，她需要长成大人的自己发自内心的真诚陪伴，用成人的状态去弥补她的缺失，才能帮助自己的内在小孩走出忧伤。

第三个功课，做自我的接纳，接纳自己的一切，爱自己。也就是接受自己的不完美，接受自己现在的样子。我设计了一个对应的练习方法，叫作"自我接纳的镜子练习"。

这个练习需要二三十分钟的时间，你需要有一个私密的安静空间，拿一个镜子对着自己。回想一下，你是不是很长时间没有好好地注视过自己了呢？当你看到自己的时候，给自己一个友好的微笑，然后进行下面的对话："我看见你的什么什么优点……"比如我看见你很勇敢，我同意。"我看见你的什么样的缺点"，比如说我看见你很贪婪，我也同意。

你可以同意自己的缺点或者优点，后面的句式也可以使用《零极限》中的"谢谢你，对不起，请原谅，我爱你"。可以说"谢谢你，因为你一直很努力。对不起，因为我总是忽视你，重视别人。请原谅，因为我曾经这样否定你。我爱你，因为你是那么独特"。然后你可以告诉自己说，"我接受你现在的样子。"然后你也可以重复第二轮，每次可以更换语言。

"我看见你真的非常真诚善良，这个优点我同意，我看见你也有懦弱，也有自卑。我同意，这没有问题。谢谢你，我看见你一直在进步。对不起，因为我也曾经给了你那么多的伤害。请原谅，现在我看见我是怎样地在这个轮回的模式里。我爱你，因为外面没有人，只有我们自己。我接受你现在的样子，我爱你。"你可以一轮一轮地这样练习。

在我们的童年时期，很可能是没有获得足够多的接纳，所以自己要给自己足够的接纳。渴望别人给你接纳，其实是非常辛苦的一件事情。只有你自己给自己力量，自己给自己接纳，这份力量才是扎根的、不可动摇的。

有的人可能会认为自己的缺点连自己都没办法接受，那他怎么样去同意呢？我们这里所说的接受，并不是要让你去纵容、放大这种行为，而应该是一种完结。同意并不是鼓励，不是赞同，同意是指我会有这样的念头，我会有这样的经历，我会变成现在的样子，我同意我所有的经历。我同意我现在是这个样子，并不一定是支持我的观点。

有位女士在做接纳自己的练习时，发现了自己内心最深层次的嫉妒、幸灾乐祸、冷漠，激发出了自己强烈的羞愧感和罪恶感，这种感觉把她吓坏了，她的头脑告诉自己这是错的，但是面对这样的念头，她更不敢接纳自己了，感觉自己没有力量。

羞愧感和罪恶感都跟道德感相关，也就是我们认为自己有罪，或者是自己做了一些很不好的事情，没办法原谅自己，所以才会产生那么深的羞愧感和罪恶感。

但是我们需要明白的是，每个人与生俱来的本质都是类似的，每个人都有各种正面或者负面属性交织在一起，并不是你特别罪恶，而是我们被生下来的时候，就注定了会有这样的习性，会有这样的需求、这样的欲望、这样的恐惧。我们可以看见身边无数人身上都有罪都有美，都有好都有坏，正负两面的本质同时存在。

当有这种人类一致的认知的时候，她才会放松，才会宽恕自己。

所以你可以说：“我看见我的堕落，我看见我的懒惰，我看见我的拖延，我看见我的颓废和沮丧，我同意。”这句话的意思并不是指我非常赞成这样的堕落、沮丧，或者我就是想堕落、沮丧。这里的“同意”是指我同意它所有的后果。

当你抗拒一种情绪的时候，它就会产生一种相反的阻抗；当你同意所有的事情的时候，我们就满足了前面所说的“间接式的反转”，你所同意的问题才会离开你。一旦你曾经承担着的这些缺点或者负面情绪得到了同意，它其实就完成了使命，它被看见了，它才可以放松。

【练习：增强资格感】

在增强资格感、增强愤怒、增强抗拒的练习中，有的人觉得引爆释放的练习比较难做，所以我们增加一个补充练习。

我们可以利用第八章的方法敲打手刀点，然后加上引导语，你可以说：“我无条件地接纳我自己，爱我自己，我有资格拒绝。我有资格和你们不一样，我有资格让别人生气。我无条件地接纳我自己，爱我自己，我有资格让别人不满意。我无条件地接纳我自己，爱我自己，我有资格让别人失望。”

在这一章节的练习中，你可以把引导语中的“自己”换成别人，更换成你觉得很难抗拒的人，包括爸爸妈妈，包括你的领导，比如：“我无条件地接纳我自己，爱我自己。我有资格拒绝我的父母。我有资格和我的父母不一样。我无条件地接纳我自己，爱我自己，我有资格让我的领导不满意。我有资格让我的父母不满意，我无条件地接纳我自己，爱我自己。亲爱的爸爸妈妈，我有资格让你们失望。我把属于你们的失望交还给你们。”同理，你可以通过敲打你的手刀点的穴位，加上间接式引导语的方式来增强你的资格感。

你也可以加上其他一些你想要表达的话语，“我无条件地接纳我自己，爱我自己，我可以跟其他人不一样，我可以表达我自己的力量。我可以让别人不满意。我有资格表达力量。我的父母允许我表达力量。我的生命允许我表达我自己的力量。我可以跟所有的人不一样。”你可以加上各种各样的引导语来帮助自己增强资格感。

这里我要强调一点，接受自己有不足和相信自己的潜力是无限的，这两者之间并不矛盾，你接受自己的缺点，接受自己不完美，但并不影响你去改变自己。你可以这样告诉自己说："我无条件地接纳我自己、爱我自己，我接受自己的懒惰。哪怕我永远懒惰，我也无条件地接受我自己，爱我自己。"这就是接受自己的不足。

然后，根据间接式反转，你可以再往后引导："同时这个懒惰是属于我的，我现在愿意放下这个懒惰，我愿意让自己拥有勤奋的特质。谢谢你懒惰，你已经陪我足够久了，现在你可以自由了。"我们刚才的引导语接受懒惰和后面的释放懒惰，想要拥有勤奋，在潜意识里面语言逻辑其实是没有相互的冲突的。这就叫作接受自己的不足，然后充分去发挥自己无限的潜力。所以，不要被两个观点表面的冲突所迷惑，要看到后面的情绪、信念改变的策略和方法。

实战篇

第十三章 改善人际关系中的情绪困扰

人际关系中的情绪困扰是很常见的话题，比如我们和谁起了冲突，也许是家庭成员之间的，也许是跟孩子、跟朋友，或者是跟你的同事。它和其他的情绪困扰最大的区别就是，这个人你还要面对，如果你没办法很好地处理这种关系，会影响到你的外在表现。

有时候，有的关系的困扰还会同时涵盖原生家庭、亲密关系、人际关系等各个方面。一位 28 岁的女学员就说：她没有正式地谈过恋爱，她很依赖一个很好的同性朋友。后来这位朋友恋爱了，跟她的交往也少了，这位学员就有一种被抛弃的感觉，恨对方的男友。

这当中，这有依恋问题、有投射问题，处理起来就需要有层次，一点点去厘清和清理。如何改善关系带来的情绪问题，我们在这一章会进行梳理。

清理掉挥之不去的想法和冲突

我们先来看看常见的人际关系困扰的类型和原因。

第一类，三观不合，没办法接纳对方。有些人价值观的取向可能比较单一，所以总是认为自己这样是对的，这种做法是对的，这种想法是对的，另外一种和自己不同的做法，让他感觉到的是一种厌恶、一种批判、一种指责。

他们常常不理解对方的某些行为和行动，在道德上对他们进行指责，不能接受不同的价值观，也不允许对方有这样或者那样的缺点。这种想要控制的意图最强烈的体现就是父母对于孩子的束缚，父母非常渴望或者觉得理所当然地要去控制孩子的行为，包括孩子的信念和想法。

对于三观不合的冲突来讲，仿佛这两类人之间有一条泾渭分明的线：我们不是一类人，我们没办法相互接纳，甚至会变成一种相互的排斥。本来你不喜欢某些人也是可以的，但如果那些人在你的社会关系当中还是一个重要的角色，我们还是有必要去缓和、修复它。

第二类，产生了冲突以后，没有办法缓和，也就是某些怨恨始终没有办法释放。比如某个人可能数落了你，跟你起了冲突，两个人可能心里就产生了隔阂，彼此对对方都有很大的意见和看法，仿佛对方跟你永远是对立的。

在这些人的心里面，事情仿佛没有什么回旋的余地，他们总是用最直接的是非黑白来判断一个人，“他和我产生了不同的看法或者对我有意见，我就把他放到我的对立面”。不难看出，这些人的朋友会越来越少，因为只要在相处中有一些小问题，他就会失去一个朋友。

第三类，无法淡忘过去的经历，导致人际关系持续的冲突障碍。

我曾经遇到一个个案，女孩在学校发生了一些事情，可能是遭遇了霸凌，有的同学对她不好，她心里就一直记得这些事情，怎么都没法忘记，看似淡化的记忆其实一直在她的心头留存。过了好几年以后，她突然发现这件事仍然在起作用，如果某一天她的先生或者朋友突然冷落了她，说了她两句，过往的事情又会浮现在她心头，久久萦绕。

这是一个很奇怪的事情，表面上，这个情绪是别人引起的，但你翻开表面看，其实并不是那么简单，别人并不是引起你的情绪的导火索。事情过去了很多年，它并没有再次出现，但是这种情绪还是像开关一样，按下就弹起。为什么情绪在事件过去那么久之后还在不停地起作用呢？

这其实都是念头所带来的问题，而不是情绪本身带来的问题。也就是发生了一个事件，你产生了一些想法，一些念头，对对方的评价，一些不愉快的感受。这是你头脑产生的念头，它不停地被头脑重新捕捉，重新去分析，重新去思考，产生了更多不愉快的东西。

所以这并不是那个人给你带来的长期的情绪困扰，而是你的这种捕捉念头的机制所带来的。就像一个小狗在追自己的尾巴，它尾巴上有一个脏东西，它一直想要去咬住，就一圈一圈地绕，始终产生这样的情绪。

第四类，渴求爱，渴求别人的关注。这类人非常渴求别人的欣赏，渴望别人的赞美，想要讨好对方，非常在意别人的眼神和评价。这些人会处于几种状态，第一种是很渴望去表现。在众人面前渴望表现自己，想表现得比别人都棒；第二种人是很渴望去讨好别人。他们很习惯通过付出的方式去表达。

这两类人其实是一样的——都失去了自己的中心。他们觉得别人对我的评价更重要，他们对自己没有好的评价，这一点他们自己也知道。所以他们更渴望从外在获得很多的赞扬，来填补内在自我价值感不够的那个空洞。这一类人可以按照第十二章的内容，去增强自己的资格感和价值感。

第五类，沟通不足导致的情绪困扰。这类人通常会下意识地以为别人很了解自己，遇到事情不去沟通，默默地埋在心里，其实他们心里怨声载道，但就是不说。他们总是希望别人能猜到自己的想法，殊不知最亲的家人、伴侣也并不知道他们心中所想。

他们沉浸在自己的意识中，而且会责怪别人："你为什么不了解我呢？我有很多的需求，你应该陪我，难道我不说你就不知道吗？你为什么不来问呢？"等等，这类的困扰是基于沟通的不足。尤其是男人和女人之间，经常会出现这样的问题，仿佛我是你的伴侣，我就必须随时要知道你是怎样想的，否则就会发生冲突。网上有个段子很好地表达了这个场景：

女孩："你根本就不懂我。"

男孩："你不说我怎么懂你啊！"

女孩："真正的懂不需要说。"

男孩："你说出来我不就懂了吗？"

女孩："说出来有什么意思啊，我不说你也应该懂。"

男孩："我又不是算命的，我知道你几个意思啊！"

女孩："我没什么意思。"

男孩："确实没意思。"

女孩："对，现在我说话你觉得没意思了是吗？"

男孩："是我说的没意思吗？"

女孩："那我说没意思就是没意思吗？"

男孩："那你倒是告诉我你到底几个意思啊！"

女孩："好，那我现在告诉你我说的什么意思。"

我们先来厘清什么是沟通。沟通就是把你的想法和需求表达出来。如果你不表达，又奢求对方是一个理解你的高手，能够读懂你的心，这种奢望恐怕是不存在的。

哪怕是伴侣之间，最亲密的人之间，很多时候也不明白对方心里面真正在想什么。这个世界真正能了解你的人并不多，很多时候你连自己都了解不了。你可能根本不明白自己头脑里为什么会升起那么多的念头、想法。有时候可能就只是因为男朋友/女朋友突然不给你打电话，你的念头就升起了："他/她为什么不关心我？"也许只是因为老板的一句责骂你就开始无法走出情绪："世界上哪有你这样的老板，只会批评不会表扬。"所以，别怪对方搞不清楚你什么时候想到了什么，你的念头天马行空，飞快变化。

第六类，跟家庭成员之间的情绪困扰。有些人跟父母关系一直不好，这种怨恨被埋藏得很深，还有的人可能因为某些事情和父母意见不一致，自己非常不开心，但是父母却不以为然，等等。

跟子女之间的情绪困扰

为什么那么多家长面对孩子都会有无法控制情绪的时刻？原因其实是有很多层的。首先他觉得这孩子不听话，跟孩子说了很多次，做完作业才可以玩儿游戏，但是孩子却屡教不改。这是最表面的一层——指令没有被达到。

这一层后面还有更深的动机。家长会认为孩子会逐渐养成一个坏的习惯，而坏习惯一旦养成就很难改正，这会导致他们在未来的竞争和学习中付出更大的代价。所以父母会感到焦虑，因为他们很想要控制结果，但是又达不到。隐约对未来焦虑的时候，这个暴怒的情绪就会升起来。

还有更深一层的觉察。我问过一些朋友，他们对孩子要求这么严格，每天上着各类培训班和兴趣班，那么如果他们现在非常有钱，还会让孩子去上各类培训班和兴趣班吗？还会每天对孩子发脾气吗？他们想了想告诉我，如果家庭是这样的情况，他们可能就不会逼迫孩子去学习这些了。因为孩子的未来不用多操心，不管什么样的学校，他可挑选的余地很多。

所以这种情绪下隐含的一层焦虑是孩子的未来，但是自己又没有能力去控制，没有办法去改变。

这几种隐含的觉察导致父母情绪的焦虑和不可控。父母对未来的焦虑导致的急躁和烦躁的情绪，因为无处发泄所以被施加在孩子身上。父母通常所用的缓解方法就是给孩子报一堆课外培训班，他们要让未来变得可控，最简单的方法就是让所有的一切都能够尽量地看得见。

上一所好学校，进入一个大公司工作，这些能够实实在在看见的东西让父母感觉到“未来可控”，其实他们对孩子所做的一切只是在到处安放他们自己的焦虑而已。

有一位家长，自身工作不顺利，经常被上级骂、被同事甩锅，他觉得自己混得不好就是因为小时候不够努力，于是把期望寄托在了孩子身上。看到孩子性格内向不受老师青昧，运动也不擅长，更是激发了他的焦虑，为自己，也为孩子，情绪积累得近乎崩溃。

表面上家长每天都在想怎么能帮助孩子，其实家长自己都百病缠身、心里充满焦虑、脆弱抑郁，如何救助别人？所以家长必须先把自己调整好，只有身上的焦虑疏通了，呈现出良好的状态，才能帮助孩子。

还有，如果家长是自己当年不努力、现在也不努力而导致觉得人生失败，荒废了一生，为什么现在需要吃药、需要拼命的是自己的孩子呢？

我们会发现90%的家长都在折腾孩子，逼迫孩子出人头地上的劲头，远远大过逼迫自己的劲头。面对自己的现状，总有社会的、公司的、年龄的、能力的原因，很少花时间和精力去改变。面对孩子，总觉得孩子需要十项全能。这种现象只是把自己的焦虑和无能都通过“让孩子吃药”的方式去化解，这其实是对孩子的一种极大的不公平，甚至你都没有把他看成一个独立的人。

亲密关系中的困扰

亲密关系受挫以后，会引起很多的自我贬低和攻击。“我是不是太差劲了，我真没用，连你这样的人我都留不住，连你这样的人都不喜欢我。”或者，“你怎么能这么对我？你凭什么这样对我？”同时，他们会对未来绝望，会对未来找到新的关系这件事情感到绝望。

同时，亲密关系中有一份忠诚在。这两个人曾经通过身体或者心灵的方式连接在一起，这个连接本身是很强大的。忠诚意味着他们彼此都想让对方无条件地忠诚于自己。所以一旦发生了分离和背叛，他会把意义的解读升级到一个很高的高度。因为他想永远地去保持这段忠诚，保持这段关系。但现在关系结束了，意味着一种背叛，意味着忠诚被破坏。

我们需要明白，失去一段关系其实并没有什么大不了，重要的是你如何解读这个事件。对方也许并没有你想象的这么重要，关系就是去选择最合适你的人。同时我们需要明白，关系不是永恒不变。

关系更像是一个生命，像一朵鲜花，它生长开放，然后凋谢。它是一个过程，因此没有恒久不变的关系。

两个人刚见面的时候是一种关系，结婚以后是另外一种关系，有了孩子又是一段不同的关系……它就像一个人的成长一样，本身就在变化。但是很多时候，我们的痛苦就来源于我们觉得关系应该永远不变，而且就应该像最初的、最好的时候一样，像海誓山盟、承诺的时候一样，如果曾经的亲密现在不再，就下意识地认为肯定是出了问题，肯定有人不负责任，肯定是变心了，肯定有人对不起自己了……

但是如果你把关系看成一个动态的生命，就会明白，它不是一个永恒不变的点，关系是活的，你无法恒定地拥有，也无法抓取它。你们两个人都在变化，都在经历着。它有可能转变成任何状态，也有可能转变成“更新鲜”的状态。所以无论关系怎么变化，我们都需要去经历，都需要去呵护它、感激它。但是关系是没有办法囤积的，也是没有办法永不变质的。

曾经情投意合的老公，由于各种原因对生活失去信心，长达一年时间待在家，不出去工作，也不干家务，天天打游戏，甚至还背着妻子跟游戏中的女孩打情骂俏。妻子呢？心里已经彻底放弃老公会变好的希望，但就是情绪纠缠在她身上难以洒脱地抽身离去，一直不能理解为什么曾经相爱的两个人走到了这一步。

她就是固执地以为关系是一成不变的，她需要明白的是，初识的老公和现在的老公已经变化剧烈到不是同一个人。随着对方或者双方的巨变，两个人的关系实质也已经发生了翻天覆地的变化，不能总是用几年前的眼光看待这段关系。如果种种迹象表明对方已经让他们的关系变得很鸡肋，她就需要明白，失去一段关系就像人体的新陈代谢一样，允许一段关系的失去才能换来另一种关系的新生，或者双方需要用一种新的方式，重新彼此面对，共同努力来修复。

同样的思维我们也需要用到子女身上。有时候我们认为曾经听话的孩子突然逆反了，会很奇怪。其实，十几岁的孩子不逆反才是有问题，因为孩子本身就在变化。反观我们自己，和童年时候的我们是完全一样的吗？当然是不一样的。

孩子也是永远在变化的生命体，他的下一刻跟这一刻也是不一样的。你不要期待永远地拥有某一个时间点的那个孩子，那只是你的幻想和奢望而已。他永远在变化，他没有一刻不在变化，永远在吸收、成长，他有新的知识、新的想法、新的自我在不停生长。所以对于一个动态的关系而言，我们能做的只有一个——去感恩，可以在现在这一刻拥有他。

我经常看到一些父母哀怨地说，孩子长大了，在学校认识了很多小伙伴，不再黏着大人了。进入青春期后甚至叛逆，嫌弃大人，父母感到很失落。

还有些父母为了培养孩子的独立性，从孩子很小的时候就让孩子单独房间睡觉，稍微能自理就进入寄宿制学校，这些孩子往往成长得很优秀，心智也比较成熟，比起同龄的孩子，比较不依恋父母。父母在欣慰之余，也感到非常失落。

其实只要意识到孩子只是变化中的一个进程而已，总归要长大成人，只是时间早晚问题，都要脱离母体形成独立的个体，父母也只要享受此刻自己孩子的连结、感恩当下的拥有即可。

如何结束一段关系的影响

当你要结束一段关系的时候，需要做几件事情：第一是去感谢你们曾经彼此的经历，彼此给予的；第二是在你的心里告诉他/她说：你曾经是我的伴侣，现在这段关系结束了，我们已经分开了，但因为你曾经是我的伴侣，所以我在我的心里给你一个位置。

你不需要把他/她所有的印记都删掉、毁掉，你需要去尊重他/她的位置。因为在亲密关系当中，两个人曾经有过深层的连结，而这种连结的位置必须被认可，然后你才可以在内在去给予祝福。最后你可以对你的内在说："现在我从你的身上去收回我投射在你身上的所有的能量，我们的关系结束了。"

如果你不收回你投射在对方身上的能量，你可能还会处在对他/她的怨恨、后悔、委屈、抱怨的情绪里。当你仍然在恨一个人的时候，你们也通过"恨"紧密地连结着，这种连结让你很难进入下一段关系。所以你必须要去清理、去释放。无论是初恋还是前度的婚姻，该要去完结的，都要去做完结。

这部分我们在后续的章节会详细介绍。

如何建立自我的界限

建立自我的界限其实就是说："我是有资格的，我是有力量的，这个是我的范围，我的领土，这是我的想法，那个是你的"。我们要对彼此有很明白的区隔和空间。同时要把角色区分开，尽量减少情感和需求的投射。例如，我们容易把对父亲的情感和需求投射到公司领导的身上。因为他们都是权威，都是那么高高在上。

所以我们面对领导时经常会觉得委屈，认为领导应该看见我，应该认同我，他们为什么喜欢拍马屁的员工而不是喜欢我……这种需求其实是孩子对于家长的需求，而不是该投射到领导身上。

作为上司，他为什么必须要欣赏你，鼓励你呢？每个人都有不同的管理风格，你不能将你的需求投射在他们的身上。

有的人会把对母亲的需求去投射在妻子身上，认为妻子理所当然地应该照顾他、关心他、呵护他，应该为他做一切；有的时候，妻子也会把对丈夫的需求投射在孩子的身上，甚至会对孩子抱怨，埋怨孩子怎么不体谅自己，不关心自己。孩子也觉得很纳闷：“为什么我需要来关心你照顾你呢？我还没照顾好自己，怎么来照顾一个大人呢？”

界限感就是明白什么是我的、什么是你的，什么是我内在的需求而不是你该承担的。当你区隔清楚以后，你在人际关系之间的很多情绪其实是可以收回来的。

例如，你跟朋友起了冲突，你很委屈，埋怨朋友为什么不理解你，为什么不相信你，他怎么是这样一个人。其实当你仔细去觉察的时候，你会发现这种情绪有可能触发了你童年时某个经历的情绪，这并不是你的朋友所应该承担的，只不过是之前的那种印记被唤醒了，投射到了现在，那种委屈的感觉又来了而已。他又凭什么活成你想让他成为的人呢?

有句流行度很高的话：“有人帮你，是你的幸运；无人帮你，是公正的命运。没有人该为你做什么。”说的就是这个道理。

在新冠疫情期间，很多公司减薪或者裁员渡过难关，一个求助者的公司连续三个月只发半薪，这让有房贷车贷的他很是吃力。他向自己的好友借钱，但是好友说自己也没钱拒绝了他。这位求助者恼羞成怒，拉黑了好友打算绝交。

且不说对方可能真的没钱，就算有钱，也没有责任和义务为他的生活承担。但是他的拒绝，触发了求助者“被拒绝”的旧伤，也许是他童年的求助被忽视、被严厉拒绝，让他形成了“拒绝就等于你没有价值，对方不重视你”的信念。

允许彼此的不同

我们需要去看见对方的背景，我们要允许自己不喜欢的人的存在。这就意味着，我们需要允许对方有缺点，允许对方永远不改变。NLP 中有几条前提假设就讲到过：没有两个人是完全一样的。

你有这样的想法，你觉得人应该是友善的、热爱的；另外一个人就觉得人要先把自己照顾好。这两个人谁错了呢？都没错，每个人的家庭经历不一样、信念不一样、价值观不一样，但是这两个人中有一个人该被消灭掉吗？有一个人不配在这个世界上生活吗？当然不是。

所以你首先要明白，你不喜欢的人，他们在这个世界上有百分百的理由跟你一样存在。

其次，一个人不能控制另外一个人。你想要去操控他所有的想法、行为都按照你的想法要求来，那是不可能的。因为前面一条已经决定了，你们两个人既然不一样，你想要去控制他，想要期待他的所有的行为表现和你一样，根本不可能。因为你连自己的孩子都没办法控制，更何况控制身边的人呢！

每个人都会选择给自己最佳利益的行为。看上去你很不喜欢的某些人那些很讨厌、很粗鲁、很肮脏，或者很自私、很贪婪的行为，但是对他们来说，那个时刻做这个行为也许是他最好的选择。所以，我们并不一定要认同他。不过我们需要在心里给对方一个位置，我们可以对他说，我可以不喜欢你，但是你有资格存在于这个世界上。

放下和宽恕

我们要让令我们难过的经历过去，让曾经发生的一些事情完结，而不是紧紧抓住它不放。如果我们每天都在心里一遍遍地回忆这些东西，品尝这些不愉快的恨，记得一些抱怨，念着一些纠结，你的心里面还能装多少东西呢？

我们的大脑像个 CPU，它不停地在计算，只要你的头脑里面还想着这些事情，头脑就不会停止计算，直到这些情绪把你头脑的带宽全部占用。例如，如果你保持着对一个人的恨，那你必须时刻发出恨的能量。恨的能量在摧毁谁？首先是摧毁你自己，因为你时刻就处在这样的能量里面。

宽恕的本质是什么？宽恕并不是我高高在上地去赦免什么人，而是因为我们想要自己的内在得到解脱，因此我们想要完结，想要宽恕，想让一些过往的不平衡能够被清理，是因为我们想让自己自由，让自己能够得到解脱，宽恕自己。

中国有句古话说得好：君子报仇，十年不晚。但是那就意味着十年内你需要牢牢地去抓住这种恨，抓住这些痛苦，永远不能让它被磨灭，它要永远提醒你它的存在。我想，没等你报仇，差不多就憋出了肝癌吧。我建议除非真的涉及深仇大恨家仇国恨等这些事情，平常一些可以被宽恕的矛盾，你尽可能选择宽恕。因为，当你真的宽恕一个事件的时候，你的内在会感到非常喜悦。当你完成了宽恕以后，你的内在会有一种如释重负的轻松感。

如果你真的静下心来去看这些经历，你会发现每段经历其实都是可以给你帮助的，都是可以给你养分的。看上去那么难看、想要逃避的一件事情，有可能是在提醒你，或者给了你更加深刻的一些见解和洞见。所以每次在宽恕的同时，我们也要去感恩，感恩我们身边出现的这些人，感恩那些我曾经不喜欢的人，感恩他们在我们的生命中出现。他们的存在都是有理由的，谢谢他们的提醒。感恩他们让我们看到自己如此狭隘，看到自己的世界观如此狭窄，看见自己是怎样被自己的信念所限制住的。

一位学员问："我经常忌妒一些事和人，是因为对自己的不接纳吗？"

其实，忌妒是与生俱来的一种情绪，在“七宗罪”当中，贪婪、欲望、贪吃、忌妒、傲慢、愤怒等，都是一种根深蒂固的程序。

忌妒的意义是什么？它想让你能够超过别人，想让你比别人更好，它总想要成为所有人的中心，想要获得赞美、获得爱。所以，一方面我们要明白忌妒是一种自动自发的程序，另一方面需要明白你对这种认同的渴望、对这种赞美的需求，而不是把情绪放在让你产生忌妒的人身上。我们可以通过宽恕自我的方法，放下对自己的忌妒，以及对自己产生忌妒的自责和愤怒。

重建人际的感知·空椅子法

我们可以通过一些心理学的功课来做练习，比如我们前面提到的“空椅子法”。在有关自我接纳的章节提到过，我们可以用“空椅子法”与内在小孩对话。这个方法可以用来改善你跟任何人的关系，也可以改善你和自己的内在小孩的关系。

方法很简单，首先在心中选定一个人，你想要改善和他的关系，或者想要了解他的内在想法。然后你放两张椅子在房间里面，可以面对面地放，或者呈90度角地放都可以。尝试去感知一下哪个位置是最舒适的，坐在哪个位置上你觉得跟对方聊天会更利于改善关系。接着，选择其中一把椅子坐下，闭上眼睛，想象对方坐在对面。

去感觉一下他的坐姿，他的语气，他的面部表情。你可以告诉他："我想改善和你的关系，我想问问看你有怎样的想法？你有怎样的需求，怎样的建议。你是怎样看待我的呢？"

这个时候你可以站起来，走到对面，再闭上眼睛坐下，想象着自己变成他。他穿着的衣服，你自己也穿着；你的坐姿变成他的坐姿；他讲话的语音语调，你也跟随着他的语音语调。

然后你可以走到对面，像个演员一样变成了那个人。接下来，你可以闭上眼睛，想象着看见对面空椅子上坐的是之前的自己，然后你可以把在那个角色中所感知到的想法、想要表达的话都讲出来。

刚才坐在对面的你曾经问过对方一个问题："我做些什么能够改善我们的关系？"现在，坐在对方椅子上的你可以告诉他说我是怎样看待你的，我想你做些什么，我为什么曾经会不高兴，我的内在是怎样想的，我需要些什么……

所以，当你换了一个空间位置，当你变成对方，把这些想法源源不断地讲出来。然后同理，再次回到之前你自己的位置上，去接收刚才的这个人告诉你的这些信息，然后再去跟他表达……这样一轮接一轮地去表达就可以了。直到你们之间到达一个动态的平衡。

一位母亲经常对孩子发火，她给我的理由是：孩子做作业拖拖拉拉，而且做到一半就开始发呆，开始东拉西扯地干些别的或者玩儿游戏，等等。这让这位母亲非常恼火。

如果我是这位母亲，想解决这个问题，我可以拿两把空椅子，想象我的孩子就坐在对面，然后跟他说："亲爱的孩子，我想知道你是怎么想的？因为我对你的学习情况很担心，我经常对你发脾气，我也知道这样不好，我想改善跟你的关系，你愿意和我谈谈吗？"

然后，你闭上眼睛去想象你的孩子坐在对面，他可能默默地低着头，两只手在搓衣角，嘟着嘴。这个时候你可以站起来坐到对面椅子上，想象你自己变成一个孩子，你也嘟着嘴，搓着衣角，感觉自己可能就是五六岁的样子。

这时候你好像听见你的妈妈跟你说，她想改善跟你的关系，她很急躁。然后这个时候你作为孩子是怎么想的？你可能会说："妈妈，我也很想快点做作业。但是，我总觉得做作业的时候心情很不好，总觉得好烦，做不出来的时候我也很担心。所以我会开小差，我也不知道该怎么办。"

然后，再次回到母亲的位置，你有可能再变回自己的角色，你可以问孩子说："你希望妈妈为你做什么？你有什么想要我为你做的，我都可以做到。”

然后你再换成孩子的角色。孩子可能会跟你说：“妈妈，我希望我在开小差的时候你不要骂我，因为你骂我我会觉得自己更不好，会更紧张，更觉得自己无能。我希望你能够幽默一点提醒我，甚至跟我开开玩笑，鼓励我一下，这样的话我觉得我会越做越好的，我会越来越开心。”

这时候你再走回到自己的位置，变回母亲，去想象你接受孩子跟你说的这些话，当你听到这些，你心里很感动很触动，你可以再跟他进行下一轮的表达，你可能会告诉他说：“亲爱的孩子，我知道了，很多时候是我急躁了。但是我是母亲，我是妈妈，我是更大的那个。所以我会注意我自己的情绪态度、我的能量，我会把更多好的支持给你，而不是那种急躁的情绪。也谢谢你的提醒。我会做一个好妈妈，你也肯定会是个好孩子。”

然后你可以再回到孩子的那边，变成他的样子，你去想想看孩子会怎么想。孩子可能会很高兴。他可能会说：“妈妈，我也会努力的，我会成为一个好孩子的。”

通过这样的对话，我们可以获取对方在不同角色的一种感知。在传统的理解里，我们总认为对方的想法我们是知道的。但其实我们不知道，因为我们被自己的神经记忆锁定在感知里。当我们跳出了自己的设定，进入另外一个角色，我们会有更多感同身受，你会发现你之前所没有感觉到的信息。

这个练习可以用在很多地方，只要是跟他人相关的，都可以通过这个方法去了解对方的想法。甚至可以去看一看那些你不喜欢的人，很憎恨的人，他是怎样来看待你的，看看你们之间的关系可以怎样缓和和修复。

第十四章

找到亲密关系中正确的情绪开关

在情绪问题中，关于亲密关系的问题比例是很高的。回想一下，人生当中让我们觉得情绪起伏最大的，往往是和很亲密的亲人产生矛盾，例如，和父母、孩子，尤其在亲密关系当中，人的情绪苦恼往往更多。

当你和父母相处的时候，你是孩子；当你和孩子相处的时候，你是父母；当你跟同事相处的时候，你可能是他的工作朋友伙伴，但是当你和伴侣相处的时候，各种各样的角色都混杂进来。

在亲密关系当中，我们的身份很多时候会退行。退行就是你看上去是个成人，但是你表现出来的却更像一个孩子。在亲密关系当中，我们往往无法表达出那个社会上的成年的“我”的状态。

尤其当两个人越来越熟悉以后，原本的内在的阴影、潜意识的渴求就越来越多地表达出来，因此他的身份会退行。无论你是几岁，你会发现一对伴侣在很多时候都表现得像孩子，他们都期待寻求来自对方的更多的照顾、看见、认同。

伴侣之间的吵架也是因为一些小事，为什么回家晚了，为什么忘记了我的礼物，为什么你不洗碗，为什么我做的事情比你多，为什么你只顾着自己玩手机，为什么你买东西只顾自己在往前走不等我，当年你喜欢过其他的人，20年前你说过要对我好……

在亲密关系当中，两个人彼此足够地敞开，他们内在最深的渴望也会流露出来。所有这些当中，最深的渴望、最主要的需求之一，就是归属感。就像孩子们努力寻求归属感一样，他们想要永远被爱，成为父母生活当中最重要的一部分。现在进入亲密关系以后，他期望成为对方眼中最重要的一部分。只有通过证明自己的特殊性，才能证明自己特殊的价值。

而这部分欲望最初就是从孩童时期而来。想要变得特别，想要证明自己足够好，想要被一个人无条件地爱、呵护；无论自己做的是对的还是错的，都期待有个人无条件地包容你；期待去证明自己是特殊的，自己是足够有用的，希望被赞赏、被接受。因此，恋爱之初的美好感觉大多来源于你突然发现，你在对方的眼中突然变得如此重要。

谈恋爱的时候经常会出现一种状况：当一个人强烈地表达“我爱你”，仿佛你就有责任为他的这种爱而负责——也就是无论你喜不喜欢他，当他表达他爱你的时候，仿佛你的麻烦就来了，你需要为这种爱而负责任。

因为我们总会认为，当他爱我的时候，他有个需求，而这个需求是我引起的，我需要去满足他。同时当他那么爱我，他也满足了我的需求。而我期待的正是变成一个特殊的人，我期待被一个人特殊地关注、特殊地爱着。这也就是通常两个人开始交往的原因——一方表达了他对你的需要，另外一方就误认为他就拥有你所需要的所有的东西。

要弄明白为什么在关系当中有那么多的冲突，就需要明白亲密关系当中的两大模型——依赖者和反依赖者模型。男人和女人都有可能是依赖者或反依赖者，同时你有可能在这段关系里是依赖者，但是在另外一段关系里是反依赖者。

依赖者对爱非常渴求，非常上瘾，他觉得如果没有亲密、没有亲近，就像没有生命一样。对他来讲爱就像毒品，他从早到晚都需要爱情，需要被关注。所以依赖者尽一切所能去取悦对方，他希望两个人是粘在一起的。依赖症渴望双方在一起，永远地在一起，不停地确认是否会永远在一起。依赖症害怕孤单，恐惧被抛弃。

依赖者在童年很多时候经历到的是遗弃创伤。他们的童年可能是被抛弃的，或者是孤单的，或者是在害怕分离中度过的。他渴求一个完整、有归属感的关系，他们渴求被拥有。因此依赖者可以容忍在一段被“虐待”或者说糟糕的关系里面，他们会认为：“没关系，有总比没有好。”

所以，依赖者大部分时候不会主动想分开，他可以多年停留在一段死亡的关系里面。因为依赖者有遗弃创伤，他总是需要不断地确认对方足够爱他，不断地确认对方在哪里，确认他在对方心目中是不是最重要的位置。对于依赖者而言，关系是第一重要的排序，他总是想要保持接触。

但是反依赖者是截然相反的。反依赖者的焦点不在对方身上，而在自己身上。他很想去探索自己的潜力和生活，相对来讲比较冷漠，这类人可能对赚钱、商业更加感兴趣。

反依赖者喜欢在关系之外去寻找强烈的体验，总认为关系只是很多重要的排序当中的一个，排序在前面的可能有工作、健康、朋友、赚钱，最后才是伴侣。

反依赖者认为关系是有用的，但是并不需要保持太多的接触。当接触太多、长久地黏在一起，他就会焦虑，感到烦躁、被限制，他需要空间。所以反依赖者说得最多的话就是他需要空间，需要独立，他不想被打扰。关系只要一粘着，反依赖者就觉得窒息。反依赖甚至不喜欢别人多关心、记挂他，因为关心得太多，仿佛就是一种控制。

那么反依赖者在他的童年经历过什么呢？大多反依赖者在童年时期都有一个支配性、侵犯性、控制欲很强的母亲，其在童年受到了大量的控制。对于反依赖者而言，自由独立是相当重要的，所以他一方面需要关系，另一方面又需要空间。他恐惧臣服于一个人，不想感受到被拥有和占有，很难完全地亲密，也很难完全地敞开。

有意思的是，依赖者和反依赖者，他们很多时候是相互吸引的。两个反依赖者很多时候根本没有办法在一起，两个人有可能因为一个小小的理由就分开了。两个依赖者在一起又会太纠缠、太辛苦。

当依赖者看见一个反依赖者，他的内在有一种渴望，觉得这个人很特殊，很希望获得这种人的认同。因为他看上去是那么地高高在上，甚至有点冷漠，漠不关心，所以依赖者对这种人会很好奇。

相反，反依赖者觉得依赖者在恋爱的时候表达出对他很浓厚的兴趣，有他身上所没有的特质。所以反依赖者和依赖者相互吸引着。

问题是，他们童年的创伤是不一样的。我们前面讲到依赖者受到的是遗弃创伤，他很害怕被遗弃，渴望两个人合而为一。但是反依赖者受到的是吞没创伤，他受到是更多的控制，他希望自由，希望两个人能够分开和独立。因此两个人在潜意识的最深处有很强的矛盾。所以，各种各样的行为和情绪问题就慢慢展开了。

一个依赖者（女）和一个反依赖者（男）恋爱了。刚开始他们不知道自己的这种属性，但是在生活中，矛盾屡屡暴露出来。

女孩子喜欢陪伴，周末窝在家里看青春偶像剧，一定要招呼男孩一起看，但是男孩不喜欢这种电视剧；去超市也想要男孩一起去，甚至下楼扔个垃圾都想拖着男孩。男孩呢，只想闷在电脑前打游戏，或者自己玩手机，对他来说陪人逛街是极其雷人的事情。有时候，男孩就会借故哥们聚会、公司加班往外跑，可以有点自己的空间。而女孩总是觉得需要身边随时有人，总是会催促男孩尽早回来，甚至会动不动发脾气。

时间久了，男孩觉得女孩很烦，很黏人，把自己的私密空间都挤占没了；女孩觉得男孩不那么爱自己、总是嫌弃自己，根本不像恋爱时候甜言蜜语说得那么好听，追到手了就一点不重视。其实两个人都没有错，矛盾仅仅是因为依赖者和反依赖者对亲密关系的诉求不一样。

亲密关系情绪冲突的五大来源

在亲密关系里的冲突，往往有五大来源。第一个冲突来源就是爱，强烈的爱的需求想要让两个人融为一体。这种需求往往就是依赖者的需求，但是反依赖者极其排斥。他们之中有一方很想改变对方、控制对方，甚至让对方的言行都能够按照自己的价值观来。

例如，依赖者认为：我看电视，你也要看电视；我逛街，你也陪我逛街；我们永远同步，我们永远可以在一起。我们想的东西也最好是一样的，我们看的连续剧最好也是一样。但是反依赖感受到这些就会很崩溃。

依赖者对于反依赖者想要空间、想要不一样的安排这种要求感到非常痛苦，他们觉得说我们不是伴侣吗？为什么你不和我在一起呢？为什么我要看电视的时候，你要去书房看书呢？为什么我要逛街的时候，你说你需要静一静呢？他觉得很奇怪，这只能说明一个问题，那就是你不爱我。所以依赖者把所有这些现象最终都表达到“你爱我，或是不爱我”上，很多的冲突情绪就产生了。

这种想要融合成一个人的爱、这种念头的背后其实是很深的不安全感。他期待着他们的关系可以带给他一种家的感觉，一种融合的感觉，一种再也没有分裂的感觉。他给予了关系太多的期待，但是他也需要看见他的伴侣也是个普通人。

当一个人对他的伴侣有过多的期待时，这种期待就会变成愤恨的前身。因为总有一天你会失望，当你失望的时候，愤怒、怨恨就随之产生了。研究发现，一个人越想要改变对方，对方构建的防御就会越强，越不容易被改变。对方什么时候会有真正的改变？通常是因为感觉到爱，感觉到他活在爱之中，所以我们首先需要改变的是自己。但是深深的渴求并不是爱，那只是你自己的愿望而已。

如果依赖者很想要两个人融合在一起的感觉，很想改变对方，让他变成跟你一样的人，依赖者们可以尝试闭上眼睛，想象你看见你的伴侣，然后对他说：“我给你不需要改变的权利。即使你不改变，我还是很爱你；即使你不改变，我还是可以爱你。但是如果你因我而改变，我会从内心感激。因为我知道这是你送给我的极其珍贵的礼物。如果你还是这个样子，也没有问题，因为那就是你本来的样子。”

冲突来源的第二点也很常见，就是“我是对的”。一个在每一件事情上都坚持“我是对的”的人，他的婚姻关系不会好，只适宜独居。比如，他可能觉得，家务就是应该女人做的；男人的钱就是应该充公的；公公婆婆就是应该住在一起的；就是应该服从大局的；周末就是应该在家度过的……如果没有放弃一些自己的想法的准备，接受一些与自己不同的想法，那么这个人是没办法和其他人一起生活的。

因为，亲密关系就是当两个人住在一起，他们不像同事、上下级一样，戴着社会角色的面具，他们更多时候表达的是他们最原始的状态。因此每个人呈现出来的都是自己的不完美。所以，家里并不是讲道理的地方，不能够赢了道理伤了感情。我们前面讲过，对方会有真正改变的时候，通常是因为感觉到爱。家应该是充满爱的地方，只有对方感觉到自己是处在关系里的，他在家庭里是可以放松的、是可以成为自己的、是能够被包容被接纳的，才有可能会有真正的改变，否则伴侣或者夫妻双方就会像仇人一样。“爱”不是提出对对方要求的借口，“爱”应该是彼此接纳和让彼此放松的理由。

仔细观察你会发现，很多人的父母都处在这样的状态，父母的相处就像仇人一样。你会发现他们的观点永远都是冲突的，经常为一些鸡毛蒜皮的小事吵得不可开交，但是大部分情况下他们的观点也都是对的。

有一对夫妇天天吵架，说是三观不同无话可说，甚至闹到了要离婚的地步。仔细问了问，基本都是些鸡毛蒜皮的小事，比如，丈夫去超市喜欢买超市的购物袋，妻子认为自己带购物袋比较环保省钱；妻子觉得孩子从小就应该严格教育，长大才能形成自律的习惯，但丈夫觉得孩子还小正是玩的好时候……

凡此种种，非要扯上三观也未免有点小题大做。其实这夫妇双方都犯了一个错误，就是觉得自己是对的，难免会针尖对麦芒，产生不可调和的矛盾。如果他们各退一步，试着接受对方的观点和行为，又会怎样呢？难不成，这个世界的人都要和你想得一样吗？就如同网上热门的话题，汤团到底是吃甜的还是咸的一样，吵得不可开交。

情绪冲突的来源之三是托付心态。托付心态就是把你自己的成功、快乐的责任交给别人来承担。换句话说，有的人认为：我和你在一起，你就需要为我的成功、快乐负责，需要为我的幸福负责。否则你就是对我不够好，是你错了。

这种托付心态其实是一种孩子的心态。什么人会把自己的快乐、幸福、成就寄托在对方身上呢？只有孩子。孩子面对父母才有资格这样要求，因为他还没有成年，父母是他的监护人，如果父母不能够好好爱他，那么他的人生非常灰暗。所以他把自己的幸福托付在父母的身上，寻求对方的保护和接纳。

很多祈求完美伴侣的人都有托付心态，他们认为人生的幸福就是找一个最对的、最好的、最爱我的人，把自己交托给他，剩下就是那个人的事情。如同我们在童话书里经常看到的美丽的灰姑娘和公主，最终找到了王子，幸福地生活在一起。但是童话并没有告诉我们接下来的故事。

如果童话继续往下写，公主和王子在一起以后，生活一样充满着鸡毛蒜皮的事情：今天吃什么，今晚几点睡觉，你为什么打呼噜，你睡觉前为什么不洗澡，公主为什么每天都只是学化妆、买衣服而为什么不学习呢，王子为什么每天应酬，为什么在家的时间越来越短了……如果童话继续往下写，就是俗不可耐的家庭生活。

现实的伴侣和梦中的情人总是不一样的，所以我们便不自觉地、不受控制地、忍不住地想改造伴侣，如同我们想把自己的孩子改造成别人家的孩子一样。一旦我们有这种冲动，噩梦就开始了。

如果你有托付心态，那你在关系中最容易体验到的情绪就是委屈，你觉得对方没有做好，你吃亏了，你觉得很不满意很伤心，接着就是愤怒和失望。如果我们要清理我们的情绪，就要从这些原理背后更深的信念着手。

有人问：老师，我不想为自己负责，有了托付心态和受害者模式，应该如何处理？

其实，你不愿意为自己负责，别人也没法处理。最好的方法就是受苦，苦受多了，你就愿意为自己负责了。托付心理多舒服，保护我、照顾我是你的责任，如果能一直这么爽，你自然不必告别这种模式。只是痛苦迟早会来临，你自己不够有力量，迟早要补上这一课，尽早从你内在小孩的年龄成长为一个成人，才能少吃苦。

情绪冲突的第四个原因，是没有真正地完结前面的关系。对于前一段关系，你的心里有两种可能，一种是非常思念，怀念前面一任或者几任，另一种是你非常憎恨前任。通过怀念或憎恨，你们还有能量连结着。

你把这种关注的能量还放在前段关系里面，就有一大部分的能量是缺失的，因此你没有办法进入下一段甜蜜、美好的关系。你时时刻刻会比较，你认为自己吃亏了，你认为说自己已经让步了，我已经退到了一种没有像以前那么精彩的一段关系，还要怎样？这个时候你就很难去感恩对方，很难看见对方，很难欣赏到对方。新的关系也会处在一种冷漠、一种不了了之的状态当中。

有一个学员很有趣，她的现男友和前任眼睛长得很像，偶尔看到现任的表情和前任相似，她心里很不舒服。

其实两个人像不像只是她的念头。人的五官怎么看都像，头发像，耳朵也像，这是她心里在抓取的东西。跟前任的关系顺利做了完结以后，再看现任时，哪怕眼睛长得很像，她也不会有感觉了。

情绪冲突的第五个来源，是亲密关系跟原生家庭的序位出现了问题。海灵格曾经说过，伴侣需要放弃对异性父母的爱。什么意思呢？如果我是个女孩，我嫁人了，或者有男朋友了，我要放下的，是对父亲那种忠诚的爱。

孩子在追求亲密关系的时候，下意识地会要求他的伴侣比他的同性父母更优越，在异性父母面前，他要证明自己足够好。《圣经》里曾经讲过，爱一个女人，男人离开她的父母，并忠于他的妻子，夫妻两人变成命运共同体。

为了伴侣之间的爱，我们就必须放下最原始、最亲密的爱，也就是我们小时候对父亲母亲的爱。这并不是说不让我们再爱我们的父母，很多时候我们对异性父母的爱就像对情人的爱一样，因为在我们的眼里他/她们就是最棒的男人和女人。我们要放下这种对异性的爱。

这和与前任完结有一点点类似，当我们把很多的爱、很多的渴望、很多的依恋投射在一个人身上，或者没有从前面的关系当中收回来的时候，我们给予现在的关系肯定是不充分、不足够的。

因此我们需要做的是和我们同性的父母连结。也就是说，如果你是一个男孩，你需要认同自己的男性力量，和自己的父亲联系，获得男性的力量。如果你是一个女孩，你需要去认同自己的母亲，认同自己女性的气质，

想象一下，如果一个女孩一直是“爸爸的小情人”这样一个角色，你会发现她的确是很可爱的，她也会受到很多人的喜爱。但是她永远没办法真正地从内在欣赏其他男人，怎么可能有人胜过你的父亲呢？所以，完全认同父亲力量的女性，最大的痛苦就是很难挑到一个她觉得完美的、可以信任的、可以托付终身的伴侣。

对于我们常说的“妈宝男”来说，他始终想做个孩子，始终在寻求照顾，很难成为一个顶天立地的男人。你会发现妈宝男很多时候会找强势的女性，因为在这段关系里面，他还是一个被动的、被管控的人。但是在这段关系里面重复着“女人当家，男人被管控”的这种命运。遗憾的是，这个

男人已经有个妈妈了，现在他又给自己找了一个妈妈，他的生活中始终缺少的角色是一个伴侣。

他们也许很容易产生一段新的恋情和感情。但是，当他在关系中找不到平等，就会在新的一段关系中去找到并予以平衡。表面上看，我们在关系当中的很多情绪问题是各种各样的行为带来的，但其实内在都有它或深或浅的动力。

有一个个案，女孩刚出生的时候不受家庭的欢迎，后来父亲有外遇，母亲很忙，她和母亲关系很差，没有安全感、焦虑，不值得被爱的情绪充满了她的生活。结婚后，丈夫又有了外遇，她想知道，这是不是一种能量的传递呢？

很多时候我们会忽略一点，你必须要允许过去所有发生的事情，哪怕它不堪回首，你也要对自己说："这是属于我之前的命运，是属于我的过去，我认同它，我同意它。"

你必须要跟过去有一个完结，无论过去发生了什么，无论父母怎样对待我，无论别人怎样对待我，那是我的过去，是我的历史，我虽然很不喜欢，但我同意这个历史。

当你完全允许这些、同意这些以后，你才可能在现在的阶段开始新的征程，开始新的改变，开始对自己好一点，对自己接纳一点。

此外，男女之间差异的诉求也会引起情绪的冲突。很多时候，男性的需求是事业上的成就，他们通过这些获得认同、建立自尊心，所以男性倾向于喜欢帮助别人解决问题。而很多女性想要关系上的成功，关系上的幸福，或者有意义的爱的连结。所以女性很多时候需要的是了解和倾诉。

男性的头脑是问题导向，女性的头脑是关系导向。女性跟男性描述一个事件的时候，她需要的只是了解和倾诉，但很多时候男性不愿意做这些。男性会认为：你提了那么多东西，我就告诉你答案：多喝热水，好好休息，要努力。

这个时候，女性就会感觉到不被尊重，因为她根本不需要别人来帮她解决问题，她要的是对方对她的专注度，要的是去体现在她在你眼里很重要。

另一方面，男性也有自己的恐惧。恐惧自己无能，害怕自己失败，害怕被批评。所以男人最渴望的是被女性无条件地尊重、崇拜、接纳，欣赏他的才华。女性最害怕的是什么？女性最害怕的是落单、被抛弃，失去她亲爱的人，失去她现在的所有，害怕被忽略。

所以女性最渴望的是被男性放在心目中的首位，她们渴望被倾听、被陪伴、被赞美。她们很重视在另外一个人心目当中的优先度——我是不是第一位的？我是不是最好的？除我之外是不是没有其他人更能接近这个位置？

男人在乎的则是：我是不是最厉害的？我是不是最能干？

如果我们能够正确理解和看待自己的伴侣，把他放在适合的角色定位上，我们就会获得一段美妙、顺利的关系。

我们也需要明白，任何东西都是有生命周期的，亲密关系也一样。很多时候人们总是在苦苦地维护一段关系，哪怕那段关系已经死亡。人们总认为必须把它救活，否则就侧面证明了我的失败，我就失去了家庭。我必须耗尽一切去维持一段关系，拯救一段关系，改变一段关系。但是这些人恰恰忘了一点——亲密关系是有生命周期的。

一个有生命周期的东西，意味着它有起伏，有变化，有初恋，有热烈，有冷淡……而且在所有的关系，如亲子关系、父母关系、亲密关系，亲密关系是唯一可以解除的关系。所以亲密关系的生命长短是靠双方去经营的，当中不只有双方的意愿、投入，当然还有运气。

所以，既然这段关系是双方经营的，那么只要一方不愿意配合，不愿意花跟你同等的努力，那么这段关系往往没有办法经营好。一段关系维持的时间长短并不是由一个人决定的，而是由双方的意愿来决定。

在亲密关系中，并不是所有的关系都需要被拯救或者被延长。有时候，该结束的东西就让它结束也是一种好的选择。如果人们真的能理解这一点，无谓的痛苦也会少很多。

【练习－在内在完结一段亲密关系】

有人可能会认为美好的情感都需要被留下、被纪念。但是当你把那些情感封存起来的时候，你还有什么样的东西可以给现在的关系？所以，作为一个成人，你需要懂得，已经结束的事情，需要被放下。

这个练习虽然简单，其实很神奇。当你清理掉前度的情感连结，重新去看见你现在的伴侣，会有不一样的感受。你可以先看一看你的伴侣，站在他的面前感觉一下，现在看到他是怎样的感受。然后偷偷到屋子里去做一次练习，再出来看见他，你会发现这时候你的眼睛突然会亮很多，你能够更清晰地感受到他，看见他。

步骤如下：

第一，你要去看见、认同曾经的关系：你可以闭上眼睛，想象你看见对方，看着他／她，然后说："我看见你了，你是我曾经的男朋友／女朋友／前夫／前妻，现在我看见你了。"

第二，表达感谢。“谢谢你曾经为我做的，谢谢当年的日子。你所给予我的我会留下，作为我的礼物。我带给你的也是真心，你可以留下，作为自己的礼物。”

第三，表达给予对方曾经的这个位置。“你曾经是我的男朋友/女朋友，你曾经是我的前妻/前夫。因此在我的心里有你的位置，你是这个位置的人。”

第四，承认这段关系的结束，各自承担责任。“现在这段关系已经结束了，在我们关系的解除当中，有你的责任也有我的责任，我们各自承担各自的责任。”

第五，告别。想象自己向对方鞠躬，然后给他一些祝福：“现在这段关系结束了，我把投射在你身上的爱的能量、关心的能量收回来，同时我给予你祝福。如果可以也请你祝福我。”

这是一个内在的仪式。尝试用这些对话让你能够真正地放下一段感情。当你放下那段感情，你才能有真正的这些情感的能量来经营现在的关系。

还有一个更简单的方法，你可以拿一张纸给你的前任写一封信，写信的段落也相似，首先，你可以表达看见、感谢、尊重，承认彼此的经历和位置，然后给予相互的承认。承认关系已经结束，各自承担这段关系里的责任，收回你自己的情感的能量，最后告别，给予对方祝福。

写完后你可以把这封信念一遍，再把这封信烧掉。当你烧信的时候，很重要的一步是要想象在你的心里也正在烧掉这封信，同时烧掉在你心里和这个人千丝万缕的情感连结。想象这些爱的连结都消失了，剩下的只是你尊重他曾经在你的岁月当中出现的痕迹。

第十五章
孩子的脾气和情绪，到底该如何“管”？

我见过许多父母，接触心灵成长的起因就是孩子。不少人都是有了孩子后，发现亲子关系很难处理，或者孩子出了很多状况，还会导致婚姻受到影响，他们没有办法处理。

有的孩子非常任性，要求不被满足就大发脾气；有的孩子不敢尝试新事物，胆小怕事；有的孩子，正值青春期开始说谎，开始跟家长对抗；有的孩子做事拖拖拉拉，丢三落四；还有的孩子没有主见……父母总是期待着把自己的孩子打造成一个最优秀的人，希望他们能在未来胜出，拥有一个好的明天。

当面对孩子们以上种种情绪的时候，我们应该怎么办？我们需要明白，第一，我们的行为模式会影响到孩子。成人是孩子的监护人，当你是父母的角色时，你的一举一动都在潜移默化地影响着孩子。因为，我们现在的信念，情绪模式、行为模式都是从原生家庭继承来的。

所以，我们要将自己的情绪和孩子的行为、情绪分开。只有这样，当孩子的情绪失控的时候，我们的情绪还可以是平稳的。很多时候，孩子的情绪之所以激烈，是因为大人的反应才是真正伤到孩子的导火索。因为你的状态、你的情绪有可能更加激烈，你的反应更加过度。

所以，当成年人处理孩子的情绪时，一定要保证自己不掉进情绪里。有的成人碰到孩子情绪的时候，自己也变成了孩子，变成了自己童年时候才会有的本能反应，这种情况下孩子学到的处理方法是不成熟的，他们会认为："原来我的爸爸妈妈也是用这种方式处理情绪的，我又何尝不可？"

如果孩子不听话你便开始暴怒、开始使用暴力或者开始辱骂，孩子们也会学到同样的策略。因为这是一种潜移默化的行为复制模式。

父母要始终在中正的状态，抱持一个好的情绪场域，这样才能滋养孩子的成长。如果父母自己管理不了情绪，就需要学习和改进，否则有什么资格要求孩子做得更好呢？

第二，孩子的情绪是需要表达的，不能被压制。有的家长看见孩子有情绪的时候的第一反应是害怕和愤怒，因为他们会认为孩子小的时候就有这么强烈的情绪，长大一定管不住。我接触过的很多父母都会有这样的担心。

所以成年人会想方设法把孩子的情绪压制下去。他们会羞辱、贬低、嘲笑孩子，可能会对孩子说："你这蠢货，你这个笨蛋，就知道哭，太没用了，你真没有出息……"

要明白，这个时候孩子的心智、价值感、自我资格感并没有完全建立起来，很容易受到负面的影响。如果你只是想把信号灯按下，让信号灯能够从红灯变成绿灯，运用语言和暴力削弱他的力量，其实是得不偿失的。

我们从小受到的教育一般会鼓励我们“喜怒不形于色”，更多的人更倾向于压制情绪。但孩子的情绪来去很快，你不需要特意地压抑他，他们可能现在很伤心，过一会儿这个伤心就会被一颗糖或者一个好玩儿的游戏替代。对于孩子的情绪来说，情绪本身并不是问题，问题是你怎样去处理，怎样看待情绪。

有位朋友说3岁的女儿很爱哭，遇到任何事情第一反应就是哭，被小朋友打了也不反抗，憋着委屈号啕大哭，感觉任何时候她都扮演着受害者的角色，用哭来表达情绪。

其实，3岁的小孩爱哭是很正常的，哭是一种自我保护，是对恐惧、悲伤、愤怒等情绪的一种发泄释放，哭其实是无伤大雅的。

作为家长，不要斥责她说“你不能哭，你怎么不打回去”，她哭的时候，你只是适当安抚一下就可以，甚至不需要任何的语言，只是抱抱她，摸摸她的头、她的后背，让她感觉到被爱被关注，让悲伤的情绪能够释放掉。等到她哭完了平静了之后，再跟她讲一些应对情绪的道理。

第三，关系重于形式上的对错。随着孩子年龄的增长，成年人在多大程度能够影响孩子，取决于他们关系的优劣程度。你必须保持你们的关系足够良好，让他能够完全地信任你、依赖你、尊重你、敬佩你……这样他才会被你引导。

如果你通过打骂或者羞辱的方法控制他，让现在的情形看着可控、安全，但有可能会直接导致你们的关系被削弱，等孩子进入逆反期后，你会发现你再也无法控制他了。

很多时候你说的道理是对的，他也知道你是对的，但他只是单纯地为了反抗你，故意做一些格格不入的事情；甚至明明知道是错误的，就是要往这条路上走，就是想证明给你看你当时的选择是错的。他们尝试用这种方法刺痛你。

孩子很聪明，他知道父母最在乎什么，父母最在乎的就是孩子的未来，一个极度逆反或者憎恨父母的孩子，在潜意识的驱动下会把自己的未来毁掉，仿佛这是报复父母最好的手段。因为，既然你们最在乎我，而我又无法反抗，那么我就毁掉自己让你们痛苦。所以，关系重于情绪，处理一件事情一定要就事论事，不要把自己的亲子关系毁掉。

那么，当孩子有情绪，父母的情绪也很大的时候怎么办？最简单的方法就是做几次深呼吸，然后你可以简单地控制或者释放一下情绪。等你的情绪正常、稳定的时候再去引导孩子，否则你只是在做相反的教育而已。

新冠疫情期间，孩子们无法去学校，而是在家上网课，很多家长承担起了监督孩子学习的“老师”身份。有一位家长说，她的女儿做作业总是磨磨蹭蹭拖拖拉拉，你叫她写作业，她一会儿说要先吃个零食，一会儿又跑去洗手间洗洗手，一会儿又慢吞吞地削铅笔整理文具盒，总之就是各种不肯快点写作业。家长忍不住发脾气斥责，结果女儿更加充耳不闻地拖延，每天都在恶性循环。

家长在教育孩子之前，要先舒缓一下自己的情绪。孩子不专心学习就生气、指责，是因为家长自己的能力不够，除了指责没有更好的方法引导教育孩子，所以家长的情绪也是对自己无能的一种愤怒。

同时家长的焦躁的情绪会直接影响孩子的情绪进入恶化状态。因此，家长在家里要起到情绪的中流砥柱作用。

不可取的情绪处理方法

我总结了以下四种父母一般情况下处理孩子情绪的方式，第一种：交换型。有些家长一看到孩子升起情绪就会拿一些平时他得不到的东西和他交换：“别生气啦，给你买好吃的”或者“别生气啦，今天就不用做作业了”。这种情况下，父母认为孩子的情绪并不重要，拿一个他平时很难得到的东西交换一下他就能被调整好。这种方式其实是错误的，交换会让孩子的脾气变得越来越大，因为他慢慢会知道怎样通过发脾气来控制父母，最终达到目的。这是交换带来的代价。

第二种，惩罚。不少家长遇到孩子闹情绪就会动用“武力”。这种方式会让孩子觉得自己是无能为力的，是弱小的，是没有资格去表达的。这种方式会剥夺孩子内在的自信。

第三种，冷漠。有的家长对孩子的脾气会下意识地“冷处理”。他们对孩子的脾气不予理会：你发你的脾气，我吃我的饭。这种方式会导致孩子的内在被削弱，他们会觉得受到侮辱，甚至会觉得自己根本就不重要，不被爱。

第四种，说教。父母会举出一大堆例子来说，可能是你某个亲戚，可能是邻居家的孩子。这种家长并不理会孩子的情绪，只是灌输给他很多道理。孩子听到这些会由衷地反感，因为没有一个孩子喜欢听人讲道理。

我们需要建立一种良好的行为习惯，让孩子建立起对自己情绪的认知。

孩子的四种典型情绪

在处理孩子的情绪之前，我们先要了解孩子有哪些典型的情绪，这些情绪背后的意义是什么。

第一种典型情绪是愤怒。在这种情绪下的孩子会表现出反抗、生气、骂人、打人、暴怒……很多父母对孩子的这种情绪是很恐惧的。事实上，愤怒是很有用的一种情绪。一般情况下，孩子在3岁的时候就已经可以表达他们的情绪了，他们清楚地知道什么是他们需要的，什么是他们不需要的，他开始想表达他的愤怒、他的抗议。

而表达拒绝和表达反抗正是一个自我建立的过程，如何表达我和你是不一样的，就是通过反对和反抗。所以很多时候孩子的逆反可能只是想表达一种“和你不一样”的心态，哪怕他的内在真的很想要这件东西，他有时候也会说不要。因为这只是他在练习自我力量的积累而已。

愤怒是一种很重要的情绪，但是如果孩子出现暴怒，家长该如何处理呢？暴怒其实是情绪几乎到了失控的情况。是因为通过其他的方式无法实现而导致孩子的愤怒升级。因此，一定要跟孩子沟通：愤怒生气是可以的，表达观点也是可以的，但是不能发泄，不能耍无赖、不能做出过激的行为。如果他要伤害别人、伤害自己，是必须制止的。

所以发泄和生气是不一样的。生气有明确的目的：我想要这个东西，我想要这样做，但是没有得到允许，没有得到同意，我不高兴。它更像是一种原生情绪，它存在的时间非常短。发泄就不一样了，发泄的目的已经不是原生情绪，是基于说我已经生气了，因为生气产生了生气。

例如，你的孩子想要一个玩具，但是你没有满足他，他不高兴了，这是生气。再进一步，孩子觉得你不给他买玩具，他就要让你下不了台，他就要赖让你难堪，这就是发泄，发泄基于他的愤怒。所以发泄不是原生情绪，而是一种衍生情绪。发泄的时间是非常长的，它会持续地发酵，有时候甚至家长服软了也没有用，孩子还是会发泄，因为他们只是想给你点儿颜色看看。

发泄是不能被支持的，如果你支持发泄，就是纵容他控制你。孩子非常聪明，会用各种各样的方法来控制父母。他会知道你害怕什么、在意什么，你愿意用什么东西交换。

因此在和孩子一块儿处理情绪的时候，你要做到非常放松和淡定，你只要一紧张，他就有机可乘。能表达愤怒、会生气的小孩，更容易保护自己，更容易表达自己的观点。从这个角度看，这也是一件好事情。如果你把他所有的愤怒都打压了，他就缺少资格感，他也许会很顺从，但是顺从有什么用？他失去了自己的主见。

第二种典型的情绪是悲伤。悲伤就是失去了心爱的东西，没有得到想要的，看见了伤心的场景，受到挫折，受到批评。悲伤的时候他会哭，会伤心，很委屈。很多父母在这个时候都急于去补偿，他们也许会说："孩子你别哭了，这个玩具丢了，爸爸妈妈再给你买一个。"

悲伤是一个人总会遇到的情绪，孩子要学会和不完美的现实相处。现实中我们总会有得不到的东西，我们总会失去一些东西，总有一些我们并不想要的东西会被强加在我们身上，这些都会导致我们的悲伤。但是，悲伤是没有问题的，是允许被表达的。

我曾经碰到过一对母女。小女孩儿非常可爱，四五岁的样子，当时的她情绪特别失控，一直在哭泣，我问了她的母亲才弄明白缘由，原来小女孩儿玩具上的蝴蝶坏了。她的母亲怎么劝都不行，即使已经答应她再买一样的玩具，小女孩就是无法停止哭泣，哭了快一个小时了，还是不停。母亲也被弄得很生气。

我走过去问这个小女孩儿："你是不是很伤心？"她说："是，我很伤心。"我问她为什么伤心？她说她的玩具被弄坏了。我问她不是还有其他的玩具吗，她说因为其他的玩具都跟这个蝴蝶不一样，这是只有一个的东西，所以她很伤心。

这样听起来，小女孩的哭泣其实很好理解，她失去了唯一心爱的东西。虽然在成人的眼里很幼稚，但对孩子来说，这就是此刻这个世界上最好的东西了。

就如同我们成人也会失去心爱的东西。假设一下，你失去了心爱的人，结果你的朋友们都跟你说：“你再找一个不就完了吗？”你一定会觉得他们都是“站着说话不腰疼”。

所以我和这个小女孩儿说：“是的，这的确是让人很伤心的事情。你最喜欢的蝴蝶坏掉了，我也觉得很伤心。”她听完这句话哭得更大声了。其实，这就如同你失恋了，你在哭，朋友安慰你让你不要哭没什么用一样。但是我们可以告诉他们，你的悲伤我明白，你可以表达出来。

因为当悲伤允许被表达、允许被纪念的时候，悲伤失落的伤感是会完结的。所以，当小女孩儿在以伤心的哭泣表达时，我向她提议，我们已经好好地伤心过了，那现在咱们看看能不能做一些让人更开心的事情呢？

我并没有去否定她的伤心，我承认那个伤心的存在，也承认那个事件没有办法被弥补。我们要做的只是去接受这个事实，再去做些什么。之后，这个小女孩儿想出了一些她觉得有意思的新的游戏，我们一起玩儿了大概五分钟，她就把之前的悲伤抛在脑后了。她的妈妈在边上看得目瞪口呆。

对孩子来讲，情绪就像夏天的雷阵雨，所有的喜怒哀乐来去无痕，情绪本身对他们的身体并没有太大的影响，他们只是很单纯地允许情绪释放，情绪不积压在身体里，就不会留下一种叫“创伤”的东西。

创伤往往都是因为孩子的情绪没有办法被顺利地完结才形成的。所以，当孩子哭泣的时候，你可以去抱着他、陪着他，让他顺利地慢慢地停下来。如果你强制性地不让他哭，相当于你剥夺了他伤感的权利，对他并没有什么好处。

第三种典型的情绪是恐惧、担心、害怕。孩子可能会害怕大人的看法，害怕老师的评价，害怕失败，害怕挫折……你要从小就告诉他，别人和你不一样，你可以有不一样的看法，你不可能取悦所有的人。如果有人和你的评价不一样，看法不一样，那是他的事情，和你没有关系。他需要从小就明白，自己是可以有主见的，是可以表达不同的，他并不一定要顺应所有的人。

其次，面对失败和挫折时，很多时候家长过于强调“赢”，过度强调成绩和名次，会让孩子产生紧张焦虑的情绪。其实每个人都希望孩子考第一，但是当你过度强调它的时候，潜意识就会产生阻抗和抗拒。

家长自己要放松，在人生的长河中，除了几次考试，其实没有输赢的排名，并不是说你排名第一就会是一个成功的人，我们只有在有对手的时候才会在意排名。当孩子走入社会，他们慢慢会发现最大的对手反而是自己。不要去比较，也不要去比较别人的生活方式，因为人的生活是综合的，并不是单一的维度，没有失败和成功的说法。

我们培养孩子的关键，就是他和失败的关系。我们让他能够去战胜的是自己，能够战胜自己内在的恐惧，就是一种很优秀的品质。

第四种典型的情绪是紧张。很多孩子在公众场合，例如一些演出、比赛时会紧张，这种紧张会和恐惧、害怕混合在一起。这个时候，你跟他说不要紧张，他只会越来越紧张。因为他们的潜意识里只会接收“紧张”这一种信息。

三次同步法可以帮助孩子放下紧张。简单地说就是用三句话去引导他。

比如你的孩子要参加一个比赛，有可能是个英语比赛、演讲比赛，他很紧张，在家里练习。你可以问他：“你是不是很紧张？”他可能会回答：“是的。”这是第一句话。

然后你可以跟他说第二句：“没错，这种场合的确令人紧张。”你会发现前两句话孩子是没办法反抗或反对的。

第三句话你可以说：“我也很紧张，我上台发言也很紧张，这很正常。”

这三句话循序渐进地表达了：他很紧张；你告诉他紧张很正常，你自己也很紧张。这就用到了我们前面的信念和情绪的间接反转法的原理。我们没有做直接的反转，而是做了三次的跟随。就像我们前面说的，哪怕紧张永远存在，我也无条件地接纳我自己、爱我自己是一样的道理。

这三次跟随以后，接下来的一句话，你跟进一个隐性的引导，他会被你所带领。你可以告诉他："我每次紧张的时候就做个深呼吸，放松肩膀和胸口，我的紧张就可以得到缓解。"当你这样做引导的时候，他会被你所引导，你可以把这看成某种意义上的"催眠"，说明他愿意接受你的语言引导，愿意被植入新的信念。通过这种方式，你教会了他一种新的技能，他可以用在他紧张的任何场合、任何时候，这才是父母真正该教他的东西。

父母还需要注意一点，很多时候，父母很容易忽视对孩子的倾听，孩子们在和父母说话的时候，父母往往无法做到一心一意地听他们说话，往往会在听他们说话的时候做别的事情。父母会想："你才多大，能讲出多少重要的事情，我分一半的精力来对付你就可以了。"但是，亲子关系其实是需要被优先考虑的，关系决定了沟通的质量，你要让孩子觉得你很重视他、尊重他，他才愿意被你引领。孩子特别聪明，会察言观色。如果你每次都对他的沟通需求视而不见或者不重视，那么他以后一些重要的或者隐私的事情也不会跟你讲。同时，你的心中到底和他的连结有多深，孩子可以多大程度地开放自己、是否安全、是否会被斥责还是获得支持，孩子内心是非常清楚的。

所以，在行为上，我们要停下手边的事情认真听孩子说话。把电视机关掉，把手机关掉，看着孩子，告诉他们你现在很认真地准备好倾听了。在语言上，你可以告诉孩子："你可以坐在我身边慢慢告诉我，你想说什么都可以。"

在行动上停下来关注他，在语言上给予他支持和引导，在心理上告诉自己，他是孩子，他是你的孩子，无论他说的是什么，你也必须从支持者的角度去面对他。

你并不一定要帮助他去解决所有的问题，你只是像一个支持者、像个教练一样，教会他人生的道理，给他支持。你让他慢慢地讲，你认真地听，他会很愿意向你讲。

曾经有一个矛盾比较严重的案例，孩子 11 岁，父母亲在一次公共场合因为一次不分青红皂白地骂了孩子，导致孩子内心十分委屈，久久不能释怀，产生了抑郁倾向，会莫名地害怕，甚至对学习都很害怕，但是医院看过后建议不能用药。

这种情况就是父母忽视了对孩子的倾听，在遇到问题时不听孩子的陈述，不经交流就对孩子斥骂，孩子幼小的心灵禁不住这种委屈才产生了这种症状。

医生不建议用药说明这更多的是心理的症结。家长要打开孩子的心扉重新获得孩子的信任也不是难事，首先家长要认知自己的错误，郑重向孩子道歉；其次，家长要学会耐心地倾听孩子，听他的委屈，听他的愤怒，听他的恐惧，慢慢引导孩子把事情的来龙去脉讲出来，在这个过程中把孩子的情绪引导发泄出来。知道了孩子被骂了之后害怕、痛苦的根源，才有可能进行下一步的情绪梳理。可以教他一些我们学到的方式去做清理，比如用情绪平衡法。

孩子的情绪处理五步法

第一步，允许。接受他的情绪，每个人都会有情绪，都有喜怒哀乐，我们讲过，人出生就会有情绪，所以有情绪是正常的，接受你情绪的状态。比如，孩子很伤心或者很生气，你可以说："孩子，我看到你很生气，能告诉我发生了什么吗？"或者"有什么我可以帮助你的吗？来，坐到我这边跟我聊聊。"允许就是认同他的这种情绪。

第二步，分享。先分享情绪，身体的感受，然后分享孩子讲述的事情。孩子可能会说："今天老师骂了我，他说我作业做得不好。说我考试成绩很差，不如其他同学，我感到很伤心。"当孩子描述完事实后，你可以做第二步，把他讲的话换个角度重复一遍。你可以这样说："哦，老师今天批评你了，你觉得很伤心很生气，对不对？你是不是觉得他批评得不对？而且他把你跟其他同学比较，你觉得很没有面子，对吗？”

你重复他的话，他肯定会回答，是的。这代表他在跟随你。当你再分享他的情绪感受，身体感受，你可以说：“你生气的时候，你感觉哪里最紧绷，哪里最不舒服？”他可能会说自己肩膀不舒服、胸口不舒服……所以，你可以通过分享情绪和身体感受，让他说是的、是的、是的。

第三步，肢体配合。你可以看着他，摸摸他的肩膀，如果你感觉他很伤心，可以抱抱他。有时候你甚至一句话都不用说，只是过去抱抱他，只是抱他一会儿，过会儿他就好了。生气的时候也是一样。当他生气的时候，你可以在他边上坐一会儿，告诉他：“没关系，你不高兴就不高兴。”你只是陪他一会儿，他也会好的。

第四步，引导。这里要注意，必须是先允许，然后分享、肢体配合，最后再去引导。如果孩子上来说“我很生气，老师批评我”，你直接跟他讲，“你怎么可以生气，怎么可以对抗老师？你不能生气你要大度一点……”这样你就把聊天聊死了，他再也不会跟你聊天了。所以记住，步骤是允许、分享、肢体配合、引导。你可以说“是啊，你的确会伤心的，那么你觉得以后你怎么做老师会表扬你呢？你觉得有哪些地方可以改进呢？”让孩子用自己的话把未来的解决方案讲出来，这样他更加容易接受和执行。

第五步，收尾。这是很重要的一步，很多父母会忽略，那就是用平静和爱来完结，无论你现在是不是在跟他吵架，无论脾气有多大，你们两个有多么谈不拢，但是最终结束的时候必须是一种好的状态。

比如，现在孩子跟你吵架，你有点生气，骂了他，你没有用前面“允许、分享、肢体配合、引导”的方法。但是你要记得，在孩子睡觉前，这件事情一定要被完结，不要让他带着愤怒、悲伤、绝望，带着被遗弃感结束这一天，否则容易给孩子留下阴影和创伤。

两个差不多年纪的小孩，一个自信开朗，犯了错误吐吐舌头做个鬼脸表示错了，让人无法动怒惩罚；另一个敏感害羞，犯了错不敢说，说就哭鼻子掉眼泪好像事情很严重。

后来我接触了两个孩子各自的家长，发现后者是那种没有“happy ending”的家长，做错了事情一定要让孩子深刻认知，于是严厉处罚，妈妈甚至一连好几天不理孩子，最终是孩子小心翼翼道歉才能被原谅；而前者的父母也会批评责罚，但一般孩子认错了就会适可而止，到了晚上，父母还会温柔地拥抱孩子说：“就算你犯了错，我还是爱你，改掉就好啦！”后面这种父母的情绪处理的高明之处是显而易见的。

可惜很多时候父母不是这样，他们觉得不能太便宜了孩子，他们犯了错，必须给他点颜色看看、给他脸色看看，让他知道这件事情很严重。

这其实是很愚蠢的父母，我说过，关系最重要。情绪是在我们6岁之前的那些经历、创伤形成的情绪模式和行为模式。这时候的孩子是无意识在吸收的。我们知道我们的头脑，负面经验像魔术贴，正面的经验像不粘锅。所以尽可能给予多的正面的经验，让他少去粘连那些负面的东西。

所以最后一步，用平静和爱来完结这些不愉快的事情是非常重要的。这样的话，孩子的情绪真的就像夏天的雷阵雨，来得快去得也快，天空晴朗了，自然不留下任何的阴霾。

一个孩子长到16岁，他通常听到过18万次，你哪里做得不好，哪里不够，你哪里不怎么样，你不如别人，等等各种各样的负面评价。同时我们的头脑会去抓取那些负面的东西。家长要记得经常去赞美孩子，同时去赞美孩子做事的过程，并不是总是说他真棒真好，你是最棒的，不是这种直接的赞美，而是赞美这个过程。

你可以说："你刚才做错了事情，但现在改过来了，你做得很好""我看到你很坚持很努力""你做到了你的承诺"，你要赞扬的是他做的具体过程，而不是很空洞的东西。

每一个孩子的内在都有追求优秀的渴望，这是与生俱来的本能，如果你是个智慧的聪明的父母，会去支持他的这种期望，点燃他变得更加优秀的本能和渴望。

记得，孩子是允许犯错误的。同时，不要揭伤疤，每次骂孩子的时候要把之前他犯过的错误都翻出来，这样不好。一个事情过去了，就不需要再提及了，这样孩子也会明白这些事情已经处理掉了，当年已经付出过代价了，这个事情已经永远地过去了。这样，孩子们也会更加阳光，活在当下，而不是觉得自己永远有洗刷不掉的污点。

如果经常揪孩子过去的小辫子，孩子更容易自暴自弃，因为在他的理解里，这是一个改不掉的错误和过去，既然自己已经那么差并且没法完美了，为什么还要努力呢。

第十六章

关于缓解压力的一些方法

汉斯·赛利曾说，压力就和相对论一样，是一个广为人知，但是很少有人彻底了解的科学概念。其实我们每天都在经历各种各样的压力源，当你感受到压力的时候，你的肩部、背部可能会沉重、会疼痛，可能会影响你的食欲，影响你的身体状况，让你没办法集中注意力。

但是我们很少会去分析这些压力的来源后面更深的原因。例如，我们的工作任务太重了，我们的人际关系不好，我的家庭有了经济压力，我的学业让我喘不过气等，这些都是我们压力的来源表面原因，而不是更深层的原因。

我们以为是外在的挑战、事件，让我们感受到了压力，因此，一般人在感觉到压力后，他们所做的最常见的事情就是解决这件事，或者是推掉这件事。例如，老板给的任务我太困难了，我做不到，我要找理由推掉，而不是解决这个任务。

但是，压力是一种内在的、心理上的感知，它会在什么情况下产生呢？那就是在我们的实际能力小于事情所需要的能力的时候，会产生压力。当我们的能力大于事情所需要的能力的时候，我们就会感到轻松。

有人让你帮他拿一杯水，你不会感到压力，因为你觉得这件事很简单。但是如果让你确保周边居民在一个小时之内都拿到一杯水，这时你就有可能产生压力，因为这个任务太复杂了，对你的要求太高了。

我们需要特别留意的是，我们所认为的“能力”和我们认为的事情所需要的“能力”，这两种能力都是我们自己的主观判定，所以压力是一种主观的感受，它并不是一种客观事实的反映。

同样一件事情会给不同的人带来不一样的压力。对一些人来说，一点点小事就会引起巨大的焦虑和压力，他们可能会因此辗转反侧无法入眠。还有一类人，他们哪怕面对着非常重要的事情，做不好会有非常严重的后果的事情，也能坦然处之。仿佛对他而言做得好与做得坏没有什么关系，他没有产生压力感。

适当的压力是好的，让我们加倍地专注，以做到好的效果。有的人面对婚姻会有压力，生孩子会有压力，因为他们觉得做一个父亲 / 母亲、丈夫 / 妻子是有责任的，责任感导致他们有了压力感，所以这个压力可以让他更加专注，是一件好事。

压力的生理反应

当外界发生了一些事情时，大脑会判断这件事情的严重程度和你需要去应对的程度。当它判断出这件事情有很大的挑战性后，你的神经系统会分泌肾上腺素和去甲肾上腺素，这会直接导致你的心脏兴奋，心脑血管扩张；它保证了供血量，血糖上升，保证能量的供应，支气管扩张去保障氧气供应，同时在轻度压力的情况下，可能有的人食欲会上升。而在压力很严重的情况下，你的食欲会下降，性欲也会下降。

因为在重大的压力情况下，人更倾向于回归到生物的战斗本能。动物在战斗的时候不会想要进食，不会想上厕所，也不会想要繁衍。在高强度压力的情况下，你的糖皮质激素会抑制免疫反应，并减少性激素抑制性欲，抗利尿的激素分泌增多，所以人的排尿会减少。

同时，在压力下，你的视野会收缩，也就是你的注意力会更集中，你的神经系统会感觉到兴奋，进而增加身体的活力，让你的力量增大，你的痛觉反而会被麻痹，这些都是为了提高你的生存概率。

所以，压力其实是我们原始生物的生存本能。但是它是一个非常态，并不应该是长期存在的。长时间处在压力状态下，会大幅度消耗你的能量，对身体产生很强的负面影响。

这种副交感神经的兴奋，会让你自己的能量消耗非常大，会导致你的记忆力衰退，思维逻辑越来越混乱。动物在越紧急的状况下越需要压力，因为它需要让自己肢体的敏捷度上升。但人不一样，他们在这种情况下需要的不是动物的本能，而是要学会放松。

例如，高手对决之前需要的是放松和静心，他们可能会去焚香、沐浴、练习书法。我们在越紧张、重要的时刻，越需要放松，这一点我们跟动物是相反的。这也是为什么有不少运动员平时成绩挺好，在大赛来临的时候，在压力下无法发挥出自己应有水平的原因。

虽然轻微的压力能够让我们感觉更加专注，但是长期的高强度压力，只可能给我们带来更差的结果。

不知道你是否有过这样的经历，因为某个重要的事情，也许是第二天的早班航班，也许是第二天重要的采访、会议的发言、约谈重要的生意导致你整晚睡不好，翻来覆去地思考应对的策略。这就是大脑的一个机制，它评估出这个事件存在风险，存在不可控性，存在能力的不匹配，所以大脑就会穷尽一切办法去计算、分析、判断、思考，想要解决这个问题。

在那种状态下，即使你已经躺在床上休息了，但是头脑没有办法停下来了。

因此，我们可以看出，头脑中抵抗压力的机制是自动自发且原始的，像一个程序一样不停地循环。因此持续在压力状态下的副作用就是身体释放出的肾上腺素导致你的新陈代谢急速上升，使身体燃烧掉更多的卡路里。简单来说，压力过大的时候，会出现假性食欲，使你肾上腺素来不及燃烧脂肪。

压力状态的人有两种，第一种会变得很瘦，第二种会变得很胖，他们要么是一丁点儿东西都吃不下，要么是拼命地把压力转化成食欲。同时，身体会出现很多症状，有心慌、胸闷、恶心、呕吐、腹泻、便秘，等等。其中最有问题的就是免疫力持续下降，导致出现间歇性的感冒，骨密度下降，严重者甚至脱发早衰。

由于在压力状态下，人的情绪是焦虑紧张的，所以他们易怒、焦躁、忧虑、紧张。他们的注意力下降，表达力、记忆力、判断力也在下降。这个时候，人们通常会衍生出一些反应来对抗这些压力。例如，他们频繁地抽烟、喝酒、喝茶，拼命吃东西，拼命地抖动。因为这些“应激反应”可以产生多巴胺，他们需要通过转移的方式来寻找一种生理上的平衡。

有一位学员，高考前晚上在寝室熄灯后打着手电复习，一个人会偷偷吃很多垃圾食品来安抚情绪。后来一旦有压力或空虚的时候就很容易暴饮暴食，喜欢用甜食或高热量食物把自己塞满，而且会背着别人偷偷吃。

她想控制自己，但大脑仿佛会自我催眠，在自己没反应过来、别人不注意的时候，她又已经吃了很多下去。

还有一种人会使用“逃避疗法”，他们在压力下购物、看电视、拖延、自闭。因为一想到这件事就无法面对，不如选择逃避。还有一些人会失控，他们大喊大叫、厌食、失眠、哭泣。压力状态让他们崩溃了。

这时的压力，变成了紧锁在身体当中无法释放的一种情绪能量。

有的人会说，是不是那些性命攸关的事情才会产生巨大压力呢？不一定，非常小的事情，同样可以产生巨大的压力。

曾经有位个案是做销售工作的，但是他非常厌烦这个工作，每次接客户的电话心里都不舒服。到了后期，他的这种不舒服发展成一种症状，一听到电话铃响，他就变得非常焦虑和暴躁。

对于被失眠困扰的人来说，睡觉就是非常大的压力，甚至比其他任何的事情都大。因为对失眠的人来讲，睡好、休息好就是最大的任务，他们非常想从这种失眠的困境中把自己调整过来，他们给了自己很大的期望，但是一直做不到。所以这个压力感是非常大的。

我自己有过长期失眠的经历，所以我可以体会这些失眠者的感受：当你躺下的时候，头脑就开始思考，我今天一定要睡好，我要放松，我不能睡不着觉，我要慢慢地呼吸，我要让自己的身体静下来。你甚至在睡前就感受到了压力，你要求身边的人不要发出声音，环境是安静的，你要求枕头、被子是合你心意的，要求光线是昏暗的……你做好了万全的准备，但是你准备得越充分，压力感就越大。所以你的睡眠就变成了一件太严肃、太郑重其事的事情。

所有的动物都会睡觉。人一出生，做的第一件事情就是睡觉。但是现在的你居然连睡觉都不会了，这能产生多大的恐惧和压力感。

那么，吃饭会不会变成压力呢？也会变成压力，如果你得过厌食症，就会明白，吃饭对一个厌食的人来讲，是多么恐惧的一件事情。一想到吃饭，他就非常难受。但他又不能不吃，因为不吃就会死，所以吃饭变成了一个强大的压力源。

可见，压力的大小跟事件本身的大小是没有关系的，跟你如何看待这个事件才是有关系的。换句话说，当你有了巨大的压力后，你是否去调整事件本身，是否让这个事件不再发生或者能够完成其实并不重要，你只需要去调整你的内在的看法和一些观点就可以了。

对于害怕上台演讲的人来说，并不是让他推掉演讲，或者练习好了以后再去演讲，这个压力才会消失，而要去改变他自己的潜意识结构。

有一个个案，他每次需要专注做一件事情的时候，就担心做不好、没有好结果，于是总是不由自主地想些当下无关的事情，乱七八糟的头绪分散了他的注意力，更没办法好好投入眼前的要紧事情上，最后引起焦虑和紧张。

担心结果产生的压力造成了念头纷飞，没有办法聚焦，应该怎么去处理呢？

我们之前讲过，头脑是个全自动的程序，它时时刻刻在想各种各样的一些问题。当你要去专注地做一件事，各种好的坏的能设想到的念头，会不停在头脑中自动启动程序，你就觉得不舒服、烦躁。

这种情况应该多做一些静心冥想类的练习，比如重塑神经记忆、神经印象的方法。

释放压力的五个步骤

释放压力主要有两方面，第一，从身体的层面去释放压力。压力产生的时候，体内有大量的肾上腺素积蓄，如果你光使用头脑，不一定会产生好的作用，所以必须要配合身体的一些功课。

运动是对抗沮丧、压力很好的方法，运动以后，大脑内啡肽的分泌量会增加很多。所以有的人会通过跑步、游泳、运动、骑车等方法，去释放一些荷尔蒙；而有的人会通过唱歌的方法，唱歌并不是去发泄，只是通过一种活动让你消耗一部分体内积累的肾上腺素。

还有一种方法是聊天，很多女性喜欢通过倾诉的方法释放自己的焦虑和紧张感。

又或者是引爆情绪的练习，它是比较接近动物释放情绪的本能的。它可以很好地用这些非理智的、非逻辑的方法去释放掉你身体里面残留的这些情绪，尤其是历史以来积累的情绪。

美国有一档节目叫《金牌训狗师》，在中国叫《狗语者》，是美国非常受欢迎的节目。节目中的训狗师会帮助各种家庭调节家庭中狗身上的问题。当主角 Cesar 上门帮助人们调整狗的状态时，会发现很多攻击性很强、很焦虑的狗。他们帮这些狗做针灸治疗，也会通过一些调理经络的方法去平衡狗的能量。他们也会让狗在跑步机上跑步，把多余的积累下来的能量都消耗掉。因为在压力状态底下，我们的动物是想要进攻的，在进攻状态下，身体、肌肉的机能想要变得更强，所以会产生攻击性。人和动物一样，都会通过身体层面的运动、唱歌、聊天、舞蹈等，去释放身体的压力。

当然，冥想也是非常好的一个方法，因为它首先会让你的身体肢体放松，呼吸放松，然后结合内在的感知去调整。

还有一种方法是从头脑和认知的层面释放压力。我设计了一个五部分的结构。

第一，通过呼吸放松，调整身体状态。

当你的身体在很紧张的状态下，很难产生一些好的认知。如果你感觉到压力很大，首先放松呼吸，放松你的肩膀，让你的身体平复下来。

第二，接受最坏的可能性。

大家都不喜欢接受最坏的事情发生。但是在情绪反转的策略中我提到过间接反转法，我们要无条件地接纳自己、爱自己，哪怕这个事件仍然存在。这也是接纳最坏可能的一个策略。也就是说，当我们在释放压力的时候，我们可以用这个策略让我们的潜意识放松下来。

第三，改变我们的参考系结构。

当某个人处在压力状态下时，他的压力感受会特别清晰。但是如果有一百个人处在同样的压力条件下，这个人的压力会莫名其妙地减轻，这就是大脑的一种策略，当他觉得很多人处在同样的结构下，处在同样的问题下的时候，他会感觉到被分担，压力感也会瞬间下降——改变你感知到的问题承担者的数量，这是最简单的一个方法。

另一个是之前介绍过的，感知空间大小的变化。比如说你现在是坐在你的办公室里面，感知到你的压力非常大，老板给你安排了一个很重要的项目，项目报告明天就要交，但是还没做出来的你压力非常大。这个时候你要注意，在压力的状态下，你所有的注意力是聚焦的，你只聚焦在这个事件上——所以改变你的视野结构，就可以直接改变压力。

比如，现在你看到的是你的电脑，电脑上有你做了一半的工作，你感觉到压力很大。这个时候你可以闭上眼睛，想象你先看到电脑，看到这个报告，然后慢慢地，想象你看着屏幕，然后镜头推远。镜头推远后，想象你看到了整个办公室。你再推远一点，想象你现在看到的是整个办公大楼。你还可以把画面继续推远，推远成你所居住的整个街区，甚至看见整个城市。在一个城市里面忙忙碌碌的，所有的都是人，都是街道，都是楼房……直到你感觉到的是你看到了整个宇宙，看到所有的银河星辰，在这片星辰中，有个很小的蓝色的点，它就是地球。在地球上面有很小很小的一个点，那是你的城市。在里面还有更小的一颗微粒一样大小的物质，那是你的办公大楼。在里面，是你和你的报告。

用这个方法做一个观想，你会发现你的压力感会瞬间降下来，因为当你去改变你的视角结构的时候，这个事件的意义就变了。

一个报告在那么庞大的一个参照系里面，它的意义就变得很小。我们的大脑就像一个全自动的处理机器，当你改变了这个视角的结构，它会去做评估。

第四，感恩现在所拥有的。

当你感觉到压力的时候，你会想要操控未来的某个结果，很害怕将来的某些事情处理不好，会失败，会失去。所以你可以感恩现在所拥有的一切，感恩你现在遇到的一切，用这个方法可以让你的压力和焦虑得到很大的释放。

第五，做正向的引导。

做一些正向的观想，去观想那些好的事情。在正向引导里面也包含着语言。

我们把以上这些步骤结合起来看一个实际操作的例子：

你或者你的孩子在参加某场重要考试时非常紧张。怎样降低出错概率，让自己不紧张呢？很简单，第一步，调整呼吸和身体，让自己在考场上能够放松下来。让你的肢体从头到脚能够放松下来，看看身体哪里还紧张，呼吸是不是很短促，把呼吸也调整下来，把肩膀额头眉毛四肢放松下来，当然，这一步你可以在家完成。

然后，我们对自己说："每个人都会紧张，所以我也会紧张。在重大的考试时，大部分的人都会紧张，所以我也会紧张。因此哪怕我紧张，也接受我的紧张。因为这是正常的，所有的人都会紧张，所有人也都可以放松，所以我也可以放松。紧张和放松都可以考试，这没有问题。"

这段话里面我增加了最坏可能，同时，我也改变了参考系的结构，就是你想到考场里所有人其实都会紧张，所以自己紧张也是很正常的。这样大脑就会放松下来，因为头脑找到了一个合理化的理由让它放松，它觉得跟别人一样了，危机感、压力感瞬间降低。

接下来我们可以用正向的引导：你可以告诉自己，每做一题后放松和专注就会增加，每过一秒我的放松和专注就会增加。这是我们用正向的引导，也就是第五个策略。

正向引导对轻度抑郁的调整功用是非常明显的。有一个女孩不幸患了轻度抑郁，在医生的帮助下吃药调理，但经常每天早上起来都很恐惧，心慌意乱，总是想为什么要醒来，为什么要吃饭要生活，做什么都感到不快乐……内心深处又非常孤独，觉得人生没有什么意义，经常产生不想活下去的厌世心理。

这是内在抑郁的状态，不是通过一个冥想能够改变的，但她需要从意识上知道自己现在的状态是偏向抑郁的，告诉自己需要调整它，不要被自己的厌世情绪给拉着走。

她开始想一些美好的事情对自己进行正向引导，她想了之前觉得口味很好的一家烤鱼；想到自己也好久没去公园了，不知道里面的野鸭子有没有人喂、是否吃得饱；如果自己死了，邻居那个可恶的大婶一定会笑话自己的母亲……这些琐碎的小事不断引导她偏向接纳自己、认可生活的道路，让自己的身体、心情能够朝正向转化。

最后的结束用感恩。感谢你的潜意识，它能够去帮助你，能够转化你的情绪。所以你感谢它，你说：“谢谢你，我的潜意识你真是太棒了”。

那么，在日常的练习当中，还有什么方法能够释放这些残留的紧张呢？你可以试试早上起来后，坐在床上或者是在镜子面前做鬼脸，就像小孩子一样，你可以揉自己的眼睛，揉自己的脸，好看的、不好看的、丑的、美的都没有关系，然后还可以发出一些声音，没有意义的声音都可以，还可以配合舞蹈动作或者摇摆。你可以在睡前做 10 分钟～15 分钟，再去睡觉。或者早上起来以后做 10 分钟～15 分钟，再去上班。

我们很多细微的紧张、压力全部聚焦在我们的脸上，脸部的微小肌肉群释放是很有用的。如果你想变得越来越美，皮肤越来越好，越来越有魅力，你可以每天去做鬼脸，让自己的面部紧张充分释放。

花 10 分钟～15 分钟的时间去做鬼脸，发出各种各样的声音，像孩子一样去享受它，做这个练习一个月左右，你会发现，你的脸部变得非常轻松。当然，配合着做鬼脸，可以同时使用在之前章节里介绍过的乱语静心的方法。

对很多人而言，在很多人面前放松地笑是很困难的。这个是因为你的脸部的肌肉储存了太多的紧张和不自然，所以你需要去松动它。当你不断地去做练习的时候，那些微小的肌肉群都可以得到放松，你之前积累的压力感也可以得到释放。

功课:【在未来给现在的自己写一封信】

当我们遇到挫折时，我们希望自己有一位能教导我们的人生导师。这个人其实也可以是我们自己。

你可以想象自己穿越到未来，未来的你变成了一位老人，你闭上眼睛，看见曾经年轻的你。所以，如果你可以给他写一封信，把你想说的话、你曾经后悔的事情，都写在这封信上。

这封信是来自未来的你，用来激励现在的你，给现在的你很多的提醒、建议、帮助，让你有更多的勇气、更多的快乐、更多的享受，让你去经历这些生活，让你变得更丰富多彩的一封信。所以，你可以把来自未来自己的这些建议、人生感悟、指导都写上去，告诉年轻的自己该如何去面对自己的人生，如何渡过现在的困难。

“我该不该结婚”“该不该离婚”“我该不该换工作”等问题都可以用这个方法问自己。想象你自己变老了，然后回看当年在这段婚姻、这个故事、这份工作当中的自己，去给自己一些指导。

当你写完这封信，你可以站起来走一走，回到现在的你的这种状态。重新认认真真地看这封来自未来的信。

第十七章
清理焦虑和不安全感

焦虑和压力非常相像，但又有区别。焦虑是一种不安、紧张，对不确定的事件非常担忧的感觉。但是焦虑的时候，人还会有出汗、头晕、心跳加速、过度思考等症状。

压力和焦虑虽然有一定的重叠，但两种情绪的源头不太一样。当你感觉到压力的时候，其实你是很清楚你在为什么事情担忧。当你感觉到焦虑的时候，很多时候你有可能并不清楚当时在焦虑什么，只是感觉到焦虑本身而已。所以焦虑的原因相对来讲是有点模糊的，焦虑可能是压力的结果，但是压力却有着不同于焦虑的表现形式。

这个时代是特别容易焦虑的时代，现代人比几十年前的人有着更多的焦虑。虽然现在的生活质量、收入水平、教育水平、住房条件、饮食质量、娱乐设备、交友范围、活动空间等，都应该是一个更快乐、更好的年代，但是有不少人，和二三十年前的人相比，其实更加焦虑了。

难道收入增加、财富增加、生活改善，没有能够带来更多的快乐吗？看上去挺矛盾的。我们童年的时候，物质条件没有现在好，没有那么多好吃的东西、好玩的东西，也没有微信，没有手机，甚至也没有多少汽车，工作的收入也不高，想要稍稍改善生活也非常难，甚至没有商品房。很多家庭都是三代或四代人住在一起，居住条件非常拥挤。但是你会发现，在那个时候，我们的焦虑感和压力感反而并没有那么大。

跟当时相比，我们现在的生活已经非常好了，想要吃东西，马上就有外卖；想要联系朋友，马上就有微信、有手机、有电话；出门有、车有滴滴、有优步……生活更加便捷了，但是为什么现在的人更加焦虑了？

社会快速发展，新技术淘汰旧技术也变得更快，未来，就有了更大的不确定性。从经济上来看，股价、房价总在变化，我们隐隐约约觉得这些对自己的未来会有影响，就会造成我们的焦虑。从人的角度来看，成功的人和平庸的人的差距也越来越大。

难道这些就是焦虑的全部原因吗？因为社会变得更好了，社会节奏更快了，所以我们更焦虑了吗？应该说，这些是焦虑产生的外在的环境因素，但是这些环境其实不一定会引起焦虑，因为人的焦虑感已经存在了几十万年，从我们的祖先开始就存在了。

根据进化心理学家的研究成果，焦虑这种情绪最早的功能是保持警觉，警觉那些无处不在的威胁和隐性的危险，以防丢掉性命。危险不仅来源于我们周围，在原野上捕食的熊、虎、狼，还包括敌对的部落，保持警觉，保持焦虑，可以让远古的人类避免肉食动物和其他人类的攻击。所以焦虑能够让人敏感地应对威胁，以求得生存。伴随着人类的繁衍、演进，焦虑这种情绪也深深地扎根在我们的体内。

今天，老虎、熊、狮子对我们的威胁几乎没有了，但是人类的防御算法还在。人在生活当中还是要应对来自社会方方面面的潜在的威胁。我们可能会失去工作；可能会面对孩子未来发展存在的各种各样风险；我们要面对严峻的经济形势，要面对未来自己还能不能保持现在这样的竞争力、现在这样的收入，能不能给自己的家庭带来持续的安全感和快乐……

现在是一个信息爆炸的社会。人类社会现在每两天产生的信息数据已经超过了从文明开始到 2003 年以来所有数据信息的总和。也就是说，现在每两天地球上产生的信息，可以超过历史之前所有信息量的总和。这意味着我们的大脑每天会收到各种各样的信息，但是大脑的原始结构、组成形式及机制跟几百万年前并没有很强的变化和演进。虽然人是通过漫长的演进而来的，但是这种生物的情感社会组织结构和互联网革命后带来的技术处于一种高度不匹配的状态。

生物学家爱德华·威尔逊教授从演进生物学的角度阐明了现代人类焦虑的根源，他说："我们有旧石器时代的情绪，中世纪时代的头脑的结构和神一样的现代技术。"这说明我们的头脑结构并没有与时俱进，这也造就了我们的情绪还停留在很落后的阶段。但是，我们的文明、信息爆炸的社会，还在高速发展着。

我之前也提到过，情绪的作用是为了生存、为了安全，所以大脑会倾向于去捕捉和粘连负面的情绪。我们的大脑会将很多安全的和不安全的东西放在一起，并将他们都贴上不安全的标签，这就是焦虑的工作机制。它宁可错杀一千，也不放过一个，所以我们的大脑天生就让我们更加关注周围可能存在的危险。

一个朋友的女儿上高三，每到考试前后就思绪混乱、心烦、焦虑、失眠。这肯定不是为了谋生或者害怕被捕猎而产生的关乎生存的焦虑，这种焦虑更多是经过演进的高级自保机制，比如她会担心同学考得比自己好而让自己丧失在班级、在学校的优势，进而失去老师的青睐，将来失去更优的教育资源，甚至影响到自己未来的人生轨迹等。

虽然这些内在动机没有明确地表达出来，但这种焦虑从根本上就是大脑天生关注周围可能存在的风险的自保机制。

当然，焦虑这种机制也是有意义的。它会把你逼到你的工作面前，让你完成你需要做的报告，面对你应该面对的学业，等等。

你可以人为地减少体内的火警警报，减少焦虑的心情，但并不是说要彻底摆脱焦虑，只是把焦虑控制在一个健康的范围内。聆听脑海里面发生的焦虑信息，就像听警告一样。如果焦虑的警告每天 24 小时不停地响起，对一个人来讲，那就是一种灾难。

焦虑是大脑的一种警告算法，它在提醒你说有些事情不太对，有些事情你还需要去做点努力，有些事情还不太安全，你还需要做一些防范，还需要做一些应对，这个方案还不够完善。

因此，焦虑的机制就是大脑感知到了危险，它就会去计算，想要寻求一个解决方案。如果没有找到办法，它就会不停地计算，就像你的电脑打开了一个程序，它不停地运行，进入一种死循环 。由此可见，我们大脑的算法并不是那么先进的。

哪怕未来我会失业，哪怕这个人不一定爱我，哪怕我找不到这个答案，哪怕我绞尽脑汁都想不出方法，我就不能放松休息一下吗？你敬业的大脑说不行，不能放松，这个事情还没有被解决，它还在消耗你的能量，在不停地运转。

同时，更可怕的是针对焦虑本身这个事情。当你非常焦虑的时候，你突然意识到自己的焦虑，你会对焦虑这个事情充满了焦虑。你会觉得自己怎么可以这么焦虑，怎么这么烦躁，我肯定有问题了，从而变得更加焦虑。

为什么有的人冥想可以缓解焦虑呢？因为冥想的时候，

你需要让头脑放松，让头脑放开之前牢牢抓住的问题，那些大脑不停在咀嚼、分析、陷入死循环分析的问题上，你让大脑什么事情都不要做，让它放松放松。

所以有的学员在做冥想时感觉非常舒服，因为那个时间段大脑放空了，处于一种休息放松的状态，人的精神也跟着感觉十分惬意。但有时候冥想过后遇到问题，情绪还是回来。

还有人每次冥想后睡着都会做梦，梦中的他依然焦虑。这其实都是身体本身就储存着焦虑，冥想只是帮助你进入安静舒服、活在当下的状态，至于你要处理的情绪问题，还需要用各种各样的练习去处理。

因此，很多时候，我们是需要远离自己的头脑的。因为头脑是很危险的。我相信大部分的人没有听过这句话，他们相信自己的头脑判断、分析、智慧。但是在信息爆炸的社会，在一个普遍性焦虑、广泛性焦虑的社会，我们也要警惕我们的头脑。

一辆汽车不停地跑，发动机就会发烫，头脑承载了过多的信息，我们能做的最好的事，就是让它冷却、放松一下。冥想就是让你能够尽可能地放下这些想法、念头，放下全自动的思考判断，避免现代社会的技术对旧石器时代的情绪产生冲击的最好的方法。对于那些工作繁重忙碌的人来讲，每天做做 15 分钟到 30 分钟的正念冥想，是非常有必要的。

一个典型的正念冥想场景通常是这样的：一个人坐在地毯上或者座椅上，微闭双眼，后背挺直，盘腿而坐，调整姿势进入冥想的状态。在十几分钟的时间里，就像旁观者一样观察自己的念头。观察自己的念头是什么意思呢？就只是观察，不去分析，看到了什么就把什么扔掉。

很多人其实并不会冥想，他们在冥想的时候总说自己根本进入不了状态，因为他们冥想的时候头脑里都是想法。这是正常的。

当你冥想的时候，你的头脑没有停止，它还在找各种各样的问题，有各种图像各种声音——也许是想到明天的事，后天的事，开心的事，不开心的事，和人吵架的事，妄想的事……你要做的唯一的事情就是观看你的头脑在做什么，但是不跟随它。不跟随它的意思是，你只是看见了头脑产生这个想法，然后把你的注意力放在呼吸上。这个时候念头就会过去，你只是一点一点地松动头脑和你自己的粘着度，这就是冥想。

冥想的时候，有一种最方便的方法是集中注意力，就是关注你的呼吸。我们意识的聚焦是有限度的，当你把注意力放在呼吸上的时候，头脑会安静下来。

有的人会掉回到头脑的妄念里面去，你发现自己又在想各种各样的事情，甚至在想冥想这件事到底做对了还是做错了。这就是意识散乱。

意识散乱的时候怎么办呢？这个时候，你不需要做任何的评判评价，你能做的唯一的事情就是把注意力再带回到呼吸上，专注于呼吸就可以。只要你把注意力一带回来，原来的念头自然就断了。为什么关注呼吸，念头就会断呢？原因很简单，我们的显意识每秒能处理的信息量很少，基本上只有 40 个神经脉冲，而潜意识每秒能处理 4000 万个神经脉冲。因此，我们的显意识同时能处理的事情很少，当你把注意力都集中到呼吸上，你显意识的“带宽”就不够了，就会从念头上脱离开。

换一个例子，我们的潜意识是一个先进的 Windows10 的操作系统，可以多任务并行，比如一边开车、一边打电话，同时一边还在喝水。但是我们的显意识是一个落后的 DOS 命令操作系统，不能多任务并行，只能一个任务、一个任务轮流执行。

在冥想的过程当中，你很难做到什么都不想，而且恰恰相反，你会发现你自己妄念乱飞，这是正常的。现在，你已经熟悉了大脑的机制，你只用把你的注意力带到你的身体，带到你的呼吸，让它能够放松地休眠一下。这个时间可能非常短，有可能大脑放松的时间只有二三十秒，但是没有关系，你只要经常练习，就会发现慢慢你可以看清头脑的这些思虑，包括它的机制，它产生念头的过程，你整个人也会更加在那种放松的中正状态。

除此之外，过度地让你的工作、娱乐、社交变得电子化只会加重你的焦虑感。有不少人，无论何时何地都在使用手机，坐车、坐电梯、开会、吃饭，对着的都是手机。手机在吸引一个人所有的注意力，他所有的互动都在上面。这种生活方式会极大地加重焦虑感。

虽然我们工作、交流用得最多的是手机，但是我希望你把它当成一个工具，在获得一些必要的信息以后，能够把手机放下。人类是很传统的一种生物，过度地通过虚拟的电子化信息，你的身体不太受得了。因为头脑会不断想要收到新信息的刺激，于是不断地看屏幕，不断地找新的东西，最终导致人离开了手机会突然觉得很空虚，甚至无所适从。这样，人就会变得越来越机械化。

过度使用电子产品，你会发现你的时间是碎片化的。所有的碎片时间你都可以用一点点的电子应用去填满它。10分钟，你可以打一把游戏；20分钟，你可以线上购物；1分钟，你可以聊会儿天；几秒钟，你可以去发一段话、看几句新闻，等等。所以你会慢慢适应和熟悉一个碎片化的时间。当你习惯了时间碎片化以后，可怕的事情就会发生了，那就是你做其他事会很焦虑、很拖延。

焦虑的情绪是面向未来的，我们焦虑的是未来的不确定性。那什么时候会不焦虑呢？答案是当我们度过了未来。无论结果是好还是坏，事情过去了，焦虑就会被放下。

所以我们可以设计一种方式让自己先度过焦虑的事件，在处理压力的章节我们讲过，可以通过改变空间的大小来减轻压力的感觉，在处理焦虑的时候，我们可以通过改变时间的长度来缓解。

这个方法很简单，比如说你有一个困扰，觉得老板不赏识你，同事也排挤你，所以你对工作很焦虑。这时，你可以站起来，闭上眼睛，想象你进入这种焦虑的场景，然后你慢慢地往前走几步，每走一步，就想象时间过得飞快，你早就一步一步地经历过了这个事件。

也许，当你往前走了几步的时候，时间已经到了几十年以后。几十年以后的你可能已经是一个白发苍苍的老人，也许是充满了智慧的老人。那个时候的你已经经历过了人生，没有什么放不下的了。曾经那些困难也已经渡过了。你可以给晚年的自己一个设定，设定是一个功成名就的人。

当你站在那个角色上，回过头、转过身看一下当年的自己，当年在焦虑的自己。当你看到他，你站在过来人的位置上，给他一些建议和感悟，你可以告诉他该如何去过他的人生。

一切都会过去，这只是工作而已，你还有不同的工作可以选择。打开你的眼界，所有一切你都可以争取到。在一个未来的角色，你就像坐了时光机一样，给自己很多的建议和帮助。然后你带着建议和帮助再走回来，走回到自己的位置上，去感受、听见来自未来的你给你的建议，把这些话留在心里。这时你会发现你的焦虑感已经大幅下降了。

有一位学员，2013年突然患上了双向情感障碍，躁狂发作，2015年再次发病，现在虽然能正常工作，但是不敢自己出差，他说自己最大的问题是恐惧和焦虑，很小的事情都会抓狂，他做了很多练习，例如感恩，可是也没有改善。

恐惧焦虑，可以用一些非逻辑的练习，破掉之前很强的情绪印记，可以多做身体类的练习，引爆呼吸，乱语静心，大笑静心等。还有情绪平衡法、印象情绪重塑法，都是适合的方法。

另外一个学员，一个练习总是做到一半就放弃了，这其实代表了他一遇到问题就退缩、逃避的状态。只能说：如果你们只是听课，不做练习，不做冥想，你的问题就不会有改善。

不同的人，适用于不同的方法。所以要提醒大家，如果你只是听这些练习方法，它并不能给你带来帮助。一定要把自己的例子拿来做练习，反复练习。可能刚开始会觉得比较生疏，不容易进入状态。但是多练习几次，你会发现慢慢就找到了调整自己情绪的方法，会发现你逐渐可以游刃有余地成为自己的主人。

【功课：冥想】

这章的练习是冥想练习，主题叫作“将身体安住在当下”，是一个让你放松、减缓焦虑的冥想。你可以在睡前或者午休的时候做，你可以伴随冥想入睡，减缓你的焦虑，让身体在物理层面得到放松。

你可以找一个地方，舒服地坐着，也可以躺着，闭上你的眼睛，深长地做几个深呼吸，然后安住在自然的呼吸当中，让你的身心能够安定下来。你的身体陪伴你那么久，为你付出了这么多，为你承担了这么多，你是不是曾经留意过它，让你的身体能够好好地放松，让你的身体也好好地休息呢？跟随你的呼吸，当你留意到自己呼吸的时候，当你感觉到自己坐着或者躺着，你的心会跟随着呼吸，更加放松下来。

你也会允许自己的潜意识慢慢地放松。每次当你重复练习的时候，你都会越来越容易进入这种放松的冥想状态。想象你看见你的身体，看见你的每一个器官，你可以和它们打招呼说：“亲爱的身体，谢谢你们，你们平时太忙碌了，太辛苦了，现在你们可以好好地放松”。

然后你可以想象你看见你的头脑，你对它说：“亲爱的大脑，你平时真的很忙碌，有那么多的念头，那么多的思维，你太辛苦了。现在你可以好好地放松休息一下，这是给你的礼物。”

现在再做几个深呼吸。当你呼吸的时候，允许所有的紧张能够从你的身体里释放掉，允许你的身体放松 。当你做几个深呼吸后，让自己的头脑也能够安静下来。在你的练习过程中，无论有怎样的念头升起，怎样的想法出现，都不用去管它，你只需要随时将你的觉知带回到你的身体和呼吸上。这些念头会在你的呼吸当中来了又走，如同被风吹走一样。因为你知道现在的时间是给你自己的头脑和身体最好的放松。

尝试着保持这个放松和开放的觉知，用你的意念去扫视全身上下。先将觉知放在你的头顶，然后慢慢地将觉知往下移，感觉你的脸部、鼻子、嘴巴、耳朵、下巴……你想扫描得多缓慢、多彻底都可以。每次当你的意识扫描到哪里，你可以允许自己放松到哪里，这些放松是对你身体最好的关心和爱护。

然后继续保持意识的扫描，你可以去身体内部感觉自己的器官，让自己的内脏和器官也可以慢慢地放松。留意自己的胸口、背部、四肢，所有的肌肉，把你的意念扫描到那里，你就可以更加放松。

你可以再次允许自己的意识来到你的腹部、臀部、大腿、小腿、脚趾、手指的每块肌肉，身体的每一个末端都可以得到放松。现在我邀请你将你的觉知放在你的舌头，允许你的舌尖、舌根都是放松的。你的整个舌头可以非常非常地放松，让它完全彻底地放松。

现在，重新去扫视一下你的身体，扫视一下你的头脑，将身体的上上下下每个末端、每个部分都包含进去。让自己的意识就像一个扫描仪，从上到下地扫描，所有扫描过的部位，都能够得到更加好的休息和放松。

如果有念头分散了你的注意力，你只需要轻轻地通过呼吸把注意力带回来。每次呼吸都会让你进入十倍的放松和舒适，进入越来越深的平静和舒服。每一次的呼吸用意识扫描着你的全身，更加放松你的身体。每次的呼吸越来越深，越来越舒缓，越来越放松。每次的呼吸释放更深了，更加地放松。每次的呼吸更加宁静、安静。呼吸、释放、飘走；呼吸，深深的安全、舒适。

让自己的身体完完全全地放松，进入最好的休息和充电状态。当你醒来的时候，你会感觉到自己精力充沛，你会感觉到自己更加快乐、平和。

第十八章

如何化解怨恨和愤怒

首先我们来看什么是怨恨？

怨恨是因为某些原因，你心里充满了强烈的不满或者仇恨，有可能是针对某一个人，或者针对曾经的经历，甚至是针对自己，这种情绪是潜藏在心中隐忍未发的恨或者愤怒。因此，怨恨的人活得很痛苦，也活得很累。怨恨深藏在心里面，代表着这个事件还没有完结，还有些事情必须要被处理，或者必须要面对，有些人还需要为此事付出代价。

其实一个人在人生当中的仇人并不多，在个案当中我们会发现最容易被怨恨的人，其实是父母、伴侣。有人怨恨父母，因为他们曾经责怪他，埋怨他，对他不够好；有人怨恨伴侣，因为伴侣曾经背叛过他，抛弃过他，等等。其次才是那些在心理上、生理上伤害过他的人。

有时候我们怨恨别人，是因为觉得我们变成这样是拜对方所赐，错误在别人身上而不在自己身上。“如果不是你们没钱供我读书，我会是这个样子吗？”“如果不是因为你们纵容我现在会混得那么差吗？”“如果不是因为你不赏识我，我会升职升不上去吗？”“如果不是因为你背叛了我，抛弃了我，我的家庭至于是这个样子吗？”……

怨恨的人心里往往携带了很强的愤怒，怨是埋怨、责怪；恨是憎恨；怒是愤怒。而思伤脾、喜伤心、怒伤肝的道理我们都知道，其实怨恨、愤怒就像你自己吃了毒药，但是你却希望别人能够去“死”。你觉得有其他人需要为此事而负责任，但是怨恨的情绪是谁担着呢？是你担着。你虽然恨对方，甚至希望对方去“死”，但是你却是那个承受苦痛和“毒药”的人。

更麻烦的是，长期的怨恨，会变成一种细胞莫名的快感和上瘾。有的人在发牢骚、埋怨、宣泄的时候，会有种莫名的畅快感。这是因为他的神经细胞已经太熟悉、太习惯了怨恨的情绪，以致执着于此。并不是只有快乐会上瘾，其实身体对痛苦也会上瘾。

一个咨询的个案是这样的。某女士和老公发生了巨大的矛盾，内心非常恨他一再地背叛自己，但是不知道为什么，每次和他吵完架，这位妻子又有一种很畅快的感觉。我告诉她：其实背叛是你招来的。在你的内在里面，你一直很期望有一种反击。这种反击就是说：你看，原来是你对不起我。

吸引别人的背叛在潜意识里有一个很深的好处，那就是别人背叛你的，你不再需要为此承担责任、付出代价，不再需要维护这个关系了。这是一种很隐性的报复。

你隐约觉得这个关系肯定会出问题，果然出问题了，你就可以很畅快淋漓地去发泄，所以那时候会有一种很深的放松。

但我们要警惕这种情绪对你的吸引。

其实，每一种情绪都是有能量的，也是有指数的。我们在前面讲过美国精神科医师大卫·霍金斯博士的情绪能量指数。

例如，平和的指数是600，喜悦的指数是540，宽容、原谅的指数是350。而愤怒、仇恨的指数是150，恐惧、焦虑的指数是100，罪恶、内疚的指数是30，羞愧、耻辱的指数是20。指数越低，并不是说情绪的威力越小，而是说这种情绪对你而言破坏会更大。

严重的负向情绪积累过多以后，会形成情绪黑洞，就是情绪能量的一种旋涡。什么是黑洞？它和太空中的黑洞一样，会吞食经过的一切东西，包括天体物质。情绪黑洞也是一样。当你的负向的情绪到达一定程度以后，就会形成情绪黑洞。

情绪黑洞的特征我们也讲过，一是它爆发时极其激烈，二是它不惜任何的代价，你会控制不住自己，事后又会追悔不已。

情绪就像一座火山，就像扑面而来的海浪，一下子就把你吞没掉了。这就是情绪黑洞。所以，有的人吵架、生气的时候，会越说越激动，越说越来劲。

悲伤也是一样，越说越悲伤，甚至想要去死。所以，当你在情绪黑洞里的时候，你的身体是很紧张而又兴奋的。但同时如果你经常经历这样的状态，其实你的身体细胞已经熟悉、适应了这样的状态。虽然头脑不愿意，但是你的身体频繁地想要说：再来一次，再来一次，因为这会带给你一种舒服的畅快感。

所以我们要留意我们自己的情绪能量，要留意我们自己的情绪能量的状态，要看一看我们每天浸泡在怎样的能量里。

最近有个人跟我说，他被相处还不错的熟人言语攻击了，考虑到日后的相处，他当时隐忍不发，事后也装作一团和气，但他心里其实并没有释怀，经常想起这件事就心潮澎湃，觉得这个人太过分了，侵犯了自己的利益还要进行言语攻击，自己碍于情面竟然没法反驳。每当想到这里他甚至会气得发抖，长时间陷在情绪旋涡里不能自拔，心里想的只有一件事："我该怎么找机会治他，但又不至于搞得太难看。"

会长时间气得发抖，说明他已经掉在怨恨情绪里面，而且这个情绪的能量已经过载了，这种带毒的能量已经开始侵害他的身体。那么应该怎么样去处理呢？我们太想要捍卫自己了，于是把别人的行为解读成欺负自己。这时我们可以做宽恕他人和自己的冥想练习，用引爆释放的方法去释放那种受委屈、被欺负的感觉。

愤怒的背后，是委屈悲伤，想要哭，但自己又不愿承认、面对、释放这种悲伤和软弱，只能用很强硬的愤怒来表达。他需要先释放自己的软弱和脆弱，再去做宽恕他人的练习。

我们要明白，你之所以能够原谅别人，放下仇恨，首先是因为这些仇恨对你现在而言没有任何的意义和价值，只会让你更加痛苦。不光是对身体上的，也是对心理上的。我们想让自己自由，让自己解脱，所以选择了宽恕。

第二，我们需要看见，每一个人其实都没有真正的自由。在你的生命当中，总会有人爱你，有人不喜欢你；有人给予你，有人剥夺你；总会有跟你合得来的人，也有跟你合不来的人。他做的事情有可能伤害到你，但是他也并不是一个完全自由的人，他有他自己的经历，自己的原生家庭，自己的心理阴影，自己的心理创伤，自己的情绪模式，自己的情绪黑洞。每一个人原来都是不完美的，没有一个人是圣人，每个人都在为自己的行为承担后果，你要允许那些和你不一样的人，甚至伤害过你的人存在。

宽恕并不意味着别人做的是对的，而是我不想再为这个事件做什么了，事情已经过去了。你曾经伤害了我，或者我曾经对此不满意，但事情已经过去了。所以它意味着一种自由，而不是压制。让你的人生沉浸在愤怒和怨恨里，并没有什么好处。

有一个来访者说他很讨厌他的父母，因为他们逼迫自己选择了他不喜欢的专业。既然对父母有怨恨，他当然也不会好好读这个专业。出于报复，他选择堕落，选择玩乐，把时间都浪费了。

等到有一天他突然醒悟过来，非常后悔："我干吗要用毁掉自己来表达对父母的怨恨呢？"当你携带怨恨的时候，你总会用一种方式去平衡这个怨恨，总是用一种方式去表达怨恨。所以受苦的人肯定是你自己。

还有一个故事，一位中国台湾大学的教授，有一天在公园里被一个瘾君子无缘无故杀害了。教授的太太赶来后很悲伤，现场有记者问她有什么感受？结果这位教授太太的回答出乎人的意料，她说她会原谅那个杀人犯，因为那个杀人犯当时并不知道自己做了什么。这个故事很多人难以理解，我们并不期待所有人都能接受这种状态，它只是给你做一个参考而已。

这个故事只是为了让你明白，如果你从一个更高的维度去看一件事情，很多事情是可以化解的，是可以放下的。当然，我们并不要求每个人都有那么高的高度，如果真的有类似的事情发生，我们最起码的要求，是歹徒受到惩治和惩罚，让这个事件得以完结。然后我们可以选择放下。

在露易丝·海的《生命的重建》中，有一个古老的伊迈特·福克斯(Emmet Fox)的实验让自己缓解怨恨：你可以先闭上眼睛，想象前面有一个很大的剧场，剧场有追光灯照着。你可以想象你怨恨的那个人站在聚光灯前，整个剧场里只有他一个演员。你看着聚光灯照在他的身上，在他的身上仿佛发生了一些好的事情，他很开心，非常快乐。让这个场景持续几分钟，然后慢慢地隐退。

第二个场景，你感觉自己站在聚光灯前，剧场也只有你。现在你走上了舞台，你在聚光灯下看见在你的身上发生了很多好的事情，你看见你自己笑了，也很高兴。在这个时候你可以同时去感知那个你怨恨的人也很开心，而你也很开心。

这个练习可以让我们意识到宇宙很大，可以容下我们所有的人。当然，有的时候你要宽恕一个人并不是那么容易的。尤其是那些人对你做了很多的伤害、剥夺或者暴力。你可以增加一个步骤，那就是交还责任。你可以闭上眼睛，安静地坐着，去想一想，谁是那个最难被宽恕的人？谁是那个你最憎恨的人？你想让他们做什么样的事才能得到你的宽恕？你想让他们遭受多长时间的痛苦，或者向你忏悔多少时间？你想让他们受到怎样的惩罚、怎样的对待？

在你的心里有可能想让他们受到斥责、鞭打，想让他们苦苦哀求你。想象他们确实受到了这样的对待，想象他们确实那么做了，受到了他们应有的惩罚。然后你可以和他说："现在我把这个事件的责任、痛苦和罪恶都交还给你。这属于你，你有资格承担它。现在我愿意宽恕你，我决定放下过去的怨恨和愤怒。"如果你还对他有其他的情绪，你可以继续跟他讲，"我决定放下过去的情绪。我决定放下心里的重担，让它完结。因为你已经承担了你所应该承担的，而我把属于你的痛苦留给你。现在我选择完结。"

【功课：冥想练习】

这一章冥想的主题是宽恕他人和自己。宽恕是我愿意完结一些事情，完结之前存在的不平衡感，放下自己长久背负的痛苦、怨恨、愤怒、后悔、内疚，让自己的心得以解脱。在你的内在是不是还有对某些人牢牢抓取的愤怒和痛苦呢？让你久久无法释怀的事情，有可能已经过去了很久，或者是新发生的。但是你留意到这份痛苦一直在你自己的身上。也许今天是时候让自己活得轻松一些了，放下过去的那些故事，你会发现宽恕基本上是为了自己，这是一种不再背负往日痛苦的方式。

我们知道，伤害你的人，无论是不是仍然在这个世界上，他的命运如何，他是否快乐，他是否得以逃脱，他是否心存侥幸，他是否痛苦，其实并没有那么重要，重要的是你心中所背负的东西是否放下了。

因此让自己舒服地坐着，挺直脊背，闭上眼睛，让身体和呼吸保持自然轻松，轻柔地把气引到你心的部位。

现在我邀请你去回想，对你很久没有办法释怀的那个人，留意一下你们之间曾经发生了怎样的故事呢？怎样的情节？现在当你想起他，想起这些事件，你的内在又是怎样的情绪？有可能你对他有很强烈的恨、埋怨，或者是厌恶，或者是感到愤愤不平？去感觉你自己的这种情绪能量。

尝试进入这种情绪能量，去留意在你身体的哪个部位，最能够强烈地感受到这种情绪，最能够强烈地感受到这种怨恨、这种埋怨，这种无法放下的情绪。是在你的腹部、胸口还是你的拳头。同时留意一下你自己的身体，自己的肩膀、面部、后背、胸口这些地方的肌肉是放松的还是紧张的。

去看见你自己面对的这个人，看见当你面对他的时候，你自己的身体源源不断地释放着这些憎恨的能量，释放的这些怨恨和痛苦的能量。这些怨恨和痛苦的能量仿佛提醒你，告诉对方，我恨你，我讨厌你。你怎么能这么对我，都是你的错。所以，留意一下你自己的情绪能量想表达的语言，去勇敢地把它表达出来。现在你可以把这些话说出来，去表达你的怨恨、讨厌，去表达你的愤怒，表达你的委屈。去表达它。然后可以放松地做个深呼吸。

我邀请你去看见，看见这个怨恨，看见这个执着是怎样缠绕着你。当你看见你和对方的互动，看见你们之间残留的这些情绪，看见你对对方的怨恨的同时，去看见你自己又是怎样地浸泡在这个能量里，浸泡在这个怨恨里。也看上去这个恨无法宽恕，是想要提醒你，这个事件还没有完结，每个人需要为此付出代价。但是现在你留意去看一看，这个憎恨其实是让你持续地在付出代价，看见你身体不断地释放这种怨恨、这种埋怨的能量。在释放这种痛苦、焦虑、焦灼的能量时，去看见这种能量在消耗着你，去看见你自己仿佛陷在一个困境里，在无法宽恕的枷锁里，持续地付出代价。

现在你可以放松地做个深呼吸，然后告诉自己，现在我愿意面对，并且来解决这个问题。现在我邀请你再次去看见那个你无法宽恕的人，看见他对你所做的那些行为，那些你无法原谅的行为。你曾经对此有很多的解释，很多的判断，很多的评价。

我邀请你去看见他自己的这些行为，他行为背后又是被怎样的东西、怎样的情绪、怎样的动力支配着？去看见他的行为背后的恐惧、伤痛或者贪婪，去看着他，去看见他只是一个不完美的人，一个不完美的人。你所憎恨的讨厌的这个人，他也是脆弱并且真实的。

你可以默念他的名字，然后对他说，××，我曾被你用某种方式伤害。你的那些行为让我感觉非常生气。每当我想到你，想到这个事情，我仍然充满了情绪。我曾经不愿意放下这种情绪，不愿意放下这种恨。因为我认为这个事件并没有完结，你需要为此而付出代价。但是现在我看见了，我决定放下过去的这种怨恨和愤怒。

对。你有怎样的情绪就表达怎样的情绪，你可以表达你想要放下的是怎样的情绪。“我想要放下心里的重担，我并不是出于软弱这么做，我这么做是出于对我自己的保护，我为我自己而做这些。”你可以对自己说：“在我心中背负的这种痛苦已经太久了。因为这个理由，对于曾伤害我的人，我宽恕你们，并且释放这种怨恨。你们自己行为的代价与后果、你们自己的命运由你们自己承担，和我没有关系。现在我放下这种怨恨，我同意宽恕，我以目前最大的能力宽恕，我也保留未来仍然保护自己的权利。”

然后，做个深呼吸，让自己放松。当你做深呼吸的时候，让自己体内那些恨的能量消散释放。对，你可以多做几次。同时看见制约自己的那个能量的枷锁也随之消散。再次做个深呼吸，仍然保持闭着眼睛，但是将你的头微微抬起，仿佛看向很远的方向。

我邀请你去看见千千万万的，那么多代的人，那么多的恩恩怨怨，发生在很多很多人的身上。在那么长的历史长河里，有无数的恩恩怨怨、怨恨、执着、宽恕彼此交织着。去看见所有你和你曾经憎恨的人发生的这些事情、这些情节都曾经在无数的人之间所发生过。然后，你可以再次做个深呼吸，看见所有的这些故事，然后你告诉自己说“是的，一切都是那么的自然，一切的存在都是那么的自然。现在我选择宽恕”。

如果你还有宽恕的语言想要表达，可以继续表达。然后可以保持安静几分钟，结束这个冥想练习。

第十九章
挥之不去的拖延症，怎么破?

拖延这种习惯为什么那么难纠正？在讨论这个问题前，先来看看你平常做事的时候，会不会进入拖延的怪圈。

明明知道一件事情很重要，可能是你人生的规划，也许是很重要的项目、计划或者报告，或者是要准备一个考试需要复习，等等。虽然知道它很重要，但是每当你想去做这件事的时候，总是无法立刻开始，在时间充裕的时候，你总觉得要再等一等，你一想到要去面对这件事情就浑身不舒服，根本静不下来。哪怕你坐到电脑前、书桌前，或者拿起电话想要去联络，但总觉得浑身不舒服，仿佛除了这件事情，其他什么事情都可以，唯独这件事情你无法开始。

因此，我们经常看到这样的工作状态：在开始做正事之前，你总会有其他的事情要做——上网搜一搜什么东西，看看连续剧，整理家务，打扫卫生，跟朋友去聊聊天，出门去逛一下……你甚至可以等到明天，或者下个周末再开始。反正时间还有，那么从下个周末再开始也未尝不可。

你就抱着这样的想法，一点点地往后拖，时间也在这个过程中逐渐被消耗干净，直到最后那一天的来临，所有事情全部积压到一起。有的人开始熬通宵，不吃不睡，还有的人觉得反正拖过头了，干脆也别做了……

你会发现拖延的人，虽然想转移注意力，想获得一点轻松快乐，但是整个过程还是让人精力疲惫。因为他每次拖延，每次逃避的时候，心里总是记挂着这个事情。所以它是一个长时间的、让你耗费自己心力和能量的事情。

这次拖延结束了，下一个任务紧接着就要来，你就会再经历一次拖延。就算你决定下次再不能这样，再也不能匆忙赶工了，不能再熬夜了，下决心把计划重新排好，按照线性的进度，一天一天地来做……但是你会发现下一次有可能还是一个重复拖延的过程。

大部分的拖延者都是重蹈覆辙。想象一下，如果你是学生，你回到家有可能先看会儿电视，玩会儿游戏，看会儿手机，这时候抬头一看发现已经是晚上 11 点了，你觉得太晚了，已经没有时间学习了，那就明天重新来过。如果你是上班族，老板要求你下周交一个报告，你可能也是同样的工作状态，可能一回到家就开始娱乐，娱乐完了才想去做你的报告。你会发现最终还是赶在交稿前的最后一天才开始做的。

有一个个案，他的工作是与品牌培训相关的，在外人眼里他是非常成功的。但是他有一个很不好的习惯，就是拖延。因为品牌培训的收费很高，所以他去培训的课件，也需要投入很多精力去做。留给他做培训课件的时间很长，但每次他想做的时候，总会有无数的事情转移他的注意力，一直到开课前的两天，他就开始没日没夜地熬通宵，除了拖延外，他告诉我，只有在这种“被逼迫”的情况下，他的灵感才会跑出来，但是平时坐在办公桌前，他一个字也写不出来。

同样的事情，还可以看看胡适的留学日记，他的这本留学日记很有意思：7 月 12 日，他翻开了日记，为了督促自己下个学期多下点苦功，他说先要读完手边的莎士比亚的《亨利八世》。7 月 13 日，胡适记录的是：出去打牌了；7 月 14 日的日记，记录的还是打牌；7 月 15 日，依旧是打牌。7 月 16 日的日记是：胡适啊胡适，你怎么如此堕落，之前定下来的学习计划你都忘了吗？子曰，吾日三省吾身，不能再这样下去了！！以两个感叹号结尾。

结果他 17 日、18 日的日记还是一样：打牌。你会发现连胡适这样的大家，也没有办法逃脱拖延的怪圈。

那么产生拖延的心理到底是什么？第一种人，他很有可能想认认真真地把事情做好，但是有一定的难度，需要花费大量的精力和时间。因此他对自己缺乏自信，觉得做这件事情需要花大段的、整块的时间，但是现在还不具备这样的条件。

第二种人，他们无法自我约束，容易冲动和分心。坐下来刚写了几个字，有了一些思路，要开始动笔写报告，但只要手机一响，或者网页上某个弹窗出现，他的专注力就跑开了，被那些轻松的、娱乐的、可以耗费时间的事情带走了。

第三种人，他们看不见事情的意义，觉得大量的投入和时间的花费很难预估后果。他们现在就需要去投入，就要去学习，但是十年以后真的会有变化吗？他们没法预测，这个未来有可能太遥远，所以事情不能给他带来足够多的吸引力。

第四种人，他们根本就不喜欢这个任务，但是又没办法不接受，因此他们就一直逃避。比如你要写一篇 20 页的论文，或者备战某场考试，这个时候你的精神上会感到焦虑和痛苦——这件事很重要，不能出错，所以大脑就会让你的注意力转移向其他更容易的任务——看看视频，玩玩手机，刷刷朋友圈……这样你的大脑会分泌内啡肽，让你在精神上获得一种短暂的愉悦。但是面对困难任务的时候，你分泌的是肾上腺素——获得的是焦虑和紧张。

拖延虽然可以给你带来短暂的快乐，但其实给你最终带来的是巨大的痛苦。如果你发现你的孩子已经形成了拖延的习惯，你要非常小心，因为他已经形成了一种拖延的行为模式，而这种行为模式是很难一下子改变的，需要尽早通过一些心理学的技巧和方法去修正。

大部分有拖延习惯的人，都很难通过自身的努力直接去改变。就是因为他们没有办法抵抗住自己的焦虑，没有办法在工作中获得快乐感，他们永远带着紧张不舒服的感觉在工作，因此他们的注意力总在转移，总想逃避。

另外，我们没有办法让自己达到延迟的满足。举个例子，你需要写一篇很长的论文，你要收集素材、整理、修改，最后交稿、定稿、通过，可能要花很长时间。延迟满足是指你需要做大量努力的工作，快乐和成就感才会来。所有东西都完成了以后，你才会感觉到开心。老板交给我的任务，我总算做完了。我想要去写的书，我想要去做的计划总算做完了，但是这个快乐比较远，你需要让自己的头脑习惯于延迟满足感。

相反，很多时候我们的头脑已经习惯了立即满足。就像我们在线打游戏，你会发现，我们只要打过一关，“杀死”一个小怪，点两下鼠标，系统就会立即给你奖励，给你经验值，你的头脑就会产生愉悦。

所以，你的头脑已经太习惯于立刻满足，只要一点点努力马上就获得刺激，马上获得愉悦感，马上获得成就感。这也是为什么手机游戏你永远放不下的原因，它给你的刺激太快速，太频繁了。

当你习惯了这样的刺激方式以后，对你而言最痛苦的就是你没有办法完成一个大的目标。你很难制定、完成那种需要努力一两年才能完成的目标，因为你的神经系统已经太习惯立即得到反馈。

假设，我们现在写报告，每打两个字就给一朵鲜花，或者给一枚金币，你可能会写得很开心。我之前讲过，我们人类其实一点都不智能，智能应该是想做什么立刻就去做，可是大脑却总给我们找拖延的理由，甚至连一些基本的行为和决策能力都非常欠缺，这是我们人类的普遍状况。

拖延其实也分很多类，科学界把拖延分成四大种类，第一种是期限拖延，第二种是个人事务拖延，第三种叫简单拖延，第四种叫复杂拖延。

第一种期限拖延，是指那些有明确的截止时间的事情。比如你某一天要给客户提交方案，某一天你需要考试，这种有明确期限的日子，叫作期限拖延。

第二种个人事务的拖延，其实更加隐性，更加可怕。它通常和自我提升有关，没有明确的期限。假设你是一个编辑，你想有一天要去当画家，你为了实现转型或者是增值，你需要学很多的东西。但是，外界并没有给你这个期限，也没有给你下硬性的指标和任务。因此，你的内在有一种想法，但是你可以永远不实现它，永远拖延它。有很多人新年任务都是说今年要读 30 本书，但是却没有明确的启动日期。这种也是个人事务的拖延——要么没有截止日期，要么没有启动日期，甚至两者都没有。这些事情对有拖延习惯的人来讲，他们总会觉得放一放到明天做也可以。他们最常挂在嘴边的话就是“要是我再年轻几岁”“想当年我……”

如果一个人被自己拖延的习惯控制住了，最可怕的就是形成了模式，他没办法改变自己。比如说你需要学习某种课程，明明知道可以帮助自己，但半年以后还是没有学完。学习新的技能，是需要长期的积累的。如果你有一个目标，就必须让理性的头脑成为主人，让感性的头脑服从于你，服从于长期的规划和执行，这样你才会跟别人不同。

有拖延症的人如果面对有期限的任务，很有可能在任务快完结的最后几天暴发，会有灵感，当这件事把他逼到绝路的时候，他就觉得其他事情已经不重要了，因为危机和恐惧超越了其他任何诱惑。

但是没有明确时间的人或事物，并不会给他暴发的机会，就像温水煮青蛙一样，今天做不完还有明天，后天做不完还有大后天，没有最终的日期，让他突然恐惧，这才是拖延真正可怕的地方。

那么我们人类为什么会从一种高等智能生物，弱化到现在这种程度呢？我们的决断力是怎样被杀死的？第一，我们经常跟随情绪行动，认为情绪就是遛狗的时候跑在前面的那只狗，当拖延和焦虑不安出现的时候，就拖着我们到处乱跑，我们只是本能地跟随。

第二，靠近诱惑。现代社会有无数的诱惑，当你想工作的时候，你会发现手机里面好友在找你，有人跟你打招呼，有连续剧在更新，有朋友圈的信息；或者你可能没工作一会儿就饿了，你会点外卖，过了一阵，你又想娱乐，想要放松……我们太靠近诱惑了。

第三，没有计划。一个太大的项目，你很难一口把它给吃下去。假设你想要获得诺贝尔奖，如果你没有做一些研究，没有一步一步的、很明确的、可分解的计划的时候，这个任务看上去就太大了，遥不可及。

第四，多任务处理。我们现在已经习惯了随时切换注意力，同时做很多事情，比如一边开车一边想事情，一边发短信可能还要一边抽烟，一边上网查邮件一边听音乐。看上去你同时在做很多的事情，效率很高，但其实你的注意力全部被分散了。

多任务处理的时候，你会发现这些任务中并没有太多实质性的活动，大部分活动都在分散你的注意力。当你做一件很重要的事情，想把注意力聚焦起来，你会感觉很难受，因为你太习惯碎片化地运用时间。

第五，大脑空转。如果你发现自己或者是孩子的学习效率特别低，有可能是进入了大脑空转的状态，也就是大脑进入了一种内视觉、内听觉的遐想或者放空状态。如同电脑待机时候，随机播放一些屏保图片什么的。大脑也在运转，但是不需要花费什么意志力，因此会觉得比较放松和舒服。这种舒服会极大地阻碍自己的工作和学习效率，因此，需要高度警惕，要把放松的娱乐和专注的工作、学习切分开来。

如何改变拖延?

第一，改变环境。远离你的床、沙发，远离你的手机、电视、网络，远离能够让你分心并且充满诱惑的地方。如果你发现你在家里面永远没办法进入工作状态，那么这个环境就需要被改造，把那些让你分心的东西移开，给自己营造一个专注的空间。

比如干净的桌子，很整洁，没有任何的东西，有一盏台灯能够让你放松，也许有香熏或者其他让你放松的东西，房间里很整洁、很安静。如果家里没有这样的环境，很简单，去找一个干净整洁的地方，找到一个让你高效的地方。图书馆、会议室、办公室、学校的教室，相对来说，哪怕你是拖延分心的人，在那种场合你也更容易进入一种好的状态。因为你的身边有一些同样在学习的人，他们的专注，他们的场域、氛围可以帮助你。

第二，把工作切成小块。例如，你写毕业论文要花两个月的时间，你一坐下来想到这是一个庞大的工程，就仿佛无从下手，你浑身会不舒服，会烦躁，会焦虑。因为你的头脑在计算这个工作的难度。

那么，怎样把工作分解成小块？你可以给自己定一个目标：今天是星期六，我可以上午收集两小时素材，下午写一个小时目录。除掉这三小时的工作和这么简单的事情以外，其他的工作我都不安排。这样它就变成一个可操作、可量化的东西。对头脑而言，收集素材比较的简单，当你有了资料以后，下午去写目录，也比较简单。

目录写完了以后，你可以安排第二天开始写第一章的一千字或者两千字。要记住，把大任务分解成小目标，并且是具体的目标，这个目标是可观察的、可操作的。

第三，坚守时间。你今天决定了要做一小时的工作，那你就做一小时。如果这一小时没有做到，你必须把它补上，或者给自己惩罚。要坚守你的期限，要小心各种各样的借口。同时要利用整块的时间，如果你设定一个小时的工作时间，就尽量整点开始，整点结束，尽量不要在 8:10 开始，9:10 分结束。你可以给自己上闹钟并且定时，在这一个小时中，就完全投入到工作里。

第四，奖励。你的头脑需要不断被奖励，如果你工作的极限时间是半小时，就每次把时间切成半小时的碎片。半小时结束后，你可以给自己奖励——放松一下，休息一会儿，看看电影，睡个懒觉，浏览购物网站，外出，等等。

其实你会发现训练动物也是如此，动物园里的动物们在完成了一个任务后，饲养员给它们一点食物。同理，我们完成了今天两小时或者一小时的任务，接下来我们就可以放松地去娱乐、去活动。这时候的娱乐活动你是用很开心、很有成就的情绪去完成的，和你拖延的时候穿插完成的娱乐活动不一样。拖延的过程中的娱乐活动，你会有无数的自责和内疚。

关于奖励还有一个心理学的原理，叫作普雷马克原理。如果你很好地完成了你不喜欢的事情，紧接着又做了一件很喜欢的事情，你就会削弱对前面那件事情的不喜欢。这是头脑的一个策略。

假设你很不愿意坐下来去做很艰苦的工作，但是你把工作切成小块可分解的目标以后，安排了一个你最喜欢的奖励。可能是放松地打一个小时的游戏，这个时候，这个奖励就跟你之前让你感觉到痛苦的工作绑定在一起，头脑里就会产生一种新的策略，那就是当你做工作时会产生一种即将得到快乐的期待。这就和我们前面说到的动物一样，它们会为了一块肉去跳火圈、去做危险的动作，因为它们下意识地知道，做完痛苦的事情以后，它会获得一件快乐的事情。

很多人都有严重的拖延，一位学员说：总是习惯拖着，即使有时间也会看会儿手机电视，直到不得不做才草草去做，时间长了积累很多问题，自己也很苦恼，不知道有什么好办法。

我们拖延的时候是处在一种舒服的状态，我可以不面对，可以再延迟一点面对，所以改变拖延实际上要对神经系统进行重塑，也就是把拖延和情绪进行重新绑定。比如拖延了导致无法睡觉，你很累，很焦躁，这样每次拖延的时候，你就会不舒服。

然后把解决问题、面对问题的情绪和轻松快乐的感受绑在一起，比如说你每次完成了这件事以后，你会给自己一些轻松快乐的奖励，把你的这些情绪的奖励模式多练习几次就可以了。

第五，改变你的状态。这是关键。例如，你要去面对一项由于工作产生的焦虑，因为这种焦虑和行为背后绑定的情绪让你觉得不舒服。为什么情绪难以改变？因为情绪是之前经历所产生的一种神经的记忆。当你坐到桌子面前打开电脑要工作，那种不愉快的神经记忆又产生了，大脑调取了那些焦虑的情绪，你的行为就难以改变了。

因此改变状态就是要我们把焦虑的感觉去除掉，然后加上一些愉悦的感觉。也就是当你做完前面所有准备进入工作状态的时候，可能你还是觉得焦躁不安，但是你可以先处理掉焦躁不安，然后你就可以安心地工作了。

情绪印象重塑法

我们可以用情绪印象重塑法来改变这种情况，它不光可以用来改变拖延的情绪，也能够用来改变上瘾的情绪。

第一步，找到一个你想要改善的、自己很不喜欢的情绪，比如说拖延、纠结、后悔，找到这样一种情绪，然后体验这种情绪，进入这种拖延导致的后悔的情境里面，去感受当时发生了怎样的事情，给这种程度打分。0 分最低，10 分是满分，因为我们后面要根据这个分值去判断，到底这种感觉有没有被清理掉，清理掉了多少。

同时你需要问问自己这种情绪如果在身体里面可以被看见、被感知到，那么在你心目中，它像什么？它是什么形状？是什么颜色？它卡在身体的哪个地方？

例如，你需要写一个讲义，此时你觉得浑身不舒服，烦躁不安，可能烦躁的程度有八九分，你感觉了一下这种烦躁，它就好像在你胸口的一个带刺的铁球，大小的话大概如拳头那么大，是银灰色的。

第一步，就是尝试找到这种感觉，具体地形容出这种压力、情绪的样子，找到这种感觉投射出来的形象、颜色、大小。

第二步，问问自己，我如果要改变这种状态，我最需要的资源是什么？这个资源可以是一种抽象的名词，比如：

我最需要果断、力量、坚强、勇气，等等。回到刚才的例子，假设你现在面对的焦虑像一个带刺的铁球，你问问自己：如果要改变这种状态，我最需要的资源是什么呢？你说“我需要平静和坚定”，这个时候你可以去寻找一个让你感觉到平静和坚定力量的光的图片。

寻找的方法也很简单，到普通网站或者专业的图片网站上去寻找以“光”为主题的图片，添加关键词“坚定”“力量”或“平静”等，找一张你觉得最有感觉的，最能够代表这两个词的图片。

找到图片以后，你就看着这张图，然后闭上眼睛，先找回刚才拖延的那种感觉。拖延的感觉是一个带刺的铁球，假设现在你找到了一张代表着“坚定”这种情绪的“光”的图片，你可以想象这束代表“坚定”的光可以进入你的身体去帮助你清理。

想象这束光进入你的身体，进入你的每一个细胞，能够从头到尾地帮助你清理这种焦虑、不安。这个时候你可以做一些深呼吸，想象这些光在清理你的内在，然后再去感受一下刚才带刺的铁球有没有被消除，或者还剩下多少。这样你可以给自己再打一个分，看一看之前的那种烦躁的状态有没有改变或者减少。

如果你觉得还不够的话，就再问问自己，接下来我还需要怎样的资源，怎样的力量能够帮助我？可能你会说：我需要的是自律。那么同理，你继续去搜“光”的图片，再加上关键词“自律”，看看那张图片，然后闭上眼睛，想象光从头到脚地照着，它能够穿过你。接下来，你同样地做深呼吸，把代表着自律的光带到你的身体里，去跟你身体的状态结合。你会发现你之前的症状、之前的情绪会发生转化。这是一个很强有力的练习，并且是一个可以成功的练习。

它的原理其实非常简单，就是我们所有的情绪都来源于神经记忆的存储。人或事物给你带来一个感觉、一种情绪，如焦虑、愤怒、抑郁、悲伤，都以某种神经记忆的方式存储在你的身体里，存储在这些神经细胞里。那么最简单的方法就是带进一种新的感觉去瓦解它、松动它，那么原来的情绪就会变化。

因此这个“光”并不是一种很魔幻的或者不可思议的东西，而是可以改变你的内视觉的东西。当你改变了内视觉以后，原来存储在那里的神经状态就变了，加入了代表“能量”“平和”“坚定”的元素，所以它被改动过了。被改动过以后，原来的意义就消散了，就变化了。

同样要提醒的一点，就是旧有模式形成的时间比较长，新模式形成时间比较短。所以你每次你感觉到不舒服，感觉到拖延，感觉到焦虑，都可以用这个练习帮助你改变状态。

第二十章
如何处理失眠和强迫的念头

睡觉为什么也会变成一件困难的事呢?

我曾经处理过的个案中，有一位女性，39岁，是一个部门经理，一个12岁孩子的母亲，其实生活也近乎圆满了，人生应该很快乐。但陪伴她的却是不安、恐惧，每天都睡不着，头昏脑涨。闭上眼睛，脑子就像过走马灯一样，控制不住地开始想事情。

最开始她以为是照顾孩子、工作压力大所导致的，结果不到半年的时间，失眠的情况越来越严重，翻来覆去地睡不着。现在每晚睡眠不到四个小时，人很崩溃，她也尝试过针灸、失眠贴、中药调理，但是都没有效果。

人这种动物真的很有趣，睡觉、吃饭这种生理需求都是低等本能，是低等生物都会的，但高等的人有时候却连睡觉也做不到。

我曾经在读大学的时候失眠过两年半的时间，所以我明白失眠的人有怎样的焦虑和痛苦。他们会找各种各样的方法——喝热牛奶、听音乐、数羊、用热水泡脚、吃药，等等，来对付失眠。这些方法对有些人有效，但对失眠严重的人并没有效果。而且人在失眠以后，失眠本身就会让他们产生焦虑，睡不着的感觉会让人产生焦虑，明天工作需要好的身体、好的精力，他们必须要睡着，睡觉就变成了一个任务。当它变成任务，你又知道你自己睡不好，这就变成一种非常强烈的担心，变得更加睡不着。

所以严重失眠的人会进入一种惊慌失措的状态，他们会觉得：我身体的一部分功能突然坏掉了，它不受我的控制，所以我才严重失眠。

他们想到睡觉也会极其谨慎小心，小心翼翼地躺在床上，害怕有一点点风吹草动，害怕一点点声音、一点点光。只要有任何一点很小的诱因，他的头脑就会爆炸，充满了恐惧的想法，然后就开始紧张流汗，大脑飞速运转，充满了各种画面和声音，没有办法入睡。

导致失眠的最初的原因可能是压力大，睡觉前太兴奋，看了一些刺激精神兴奋的电影，例如，恐怖片、枪战片等；或者是因为化学的原因，长期喝茶、吃巧克力、喝咖啡，等等；又或者是精神的原因，过度的紧张、焦虑、兴奋——要考试了，要去相亲了，要参加发布会了，中大奖了，中彩票了，结婚了，离婚了……再有就是因为睡眠本身产生的压力，就是睡觉这件事本身就让你觉得“难以入睡”。

很多人对失眠都有错误的认知，认为睡眠是由意识控制的，所以我们要对睡觉提出很高的要求。比如，我昨晚没睡好，今天中午一定要睡好，下午才会有精神……但是睡眠这个事情是由潜意识控制的，意识是不能控制的，甚至没有办法参与的。

什么叫睡着？睡着意味着你的意识彻底失去了作用，就跟昏死过去一样。逐渐地睡着，就是意识一点一点放松模糊，这个时候我们的睡眠机制才会启动。

这些行为之所以很难改变，是因为我们的潜意识里有一种强迫的阻抗，它强迫你产生一种阻抗，防止你对潜意识进行改变，就像潜意识的自我保护的机制，每当你想要改变一种症状，潜意识就会升起抵抗，会产生更多的焦虑、恐惧。

抵抗升起了，副交感神经系统就失调，你就没有办法放松和平静下来。这种状态就像你的大脑像一辆引擎过热的汽车，充满了念头，充满了想法，但刹车却不灵，想停却停不下来。

在这个世界上没有天生失眠的人，所有人都有睡觉的需求。婴儿大部分时间都在睡觉，因为那个时候他没有复杂的思维和过多的念头，没有逻辑，没有担心，因此思考得越少的人越能安稳入眠。相反，那些思虑较多、想法很多的人反而睡不着。特别是当你有一次睡不好，你就会重视起睡觉这件事，失眠这个词就会经常在你脑海里晃来晃去，你会有点担心：“能不能不失眠？”“今天要不要早点睡？”“怎么才能很快睡着？”这个时候，你的头脑就进入了一种过度的焦虑。

在前面几章提到过，我们的头脑有一种策略，它想要解决一个问题，就会不断地去咀嚼这个问题、分析这个问题。分析完之后又产生出一堆念头，头脑再次分析新产生出来的念头，如此往复循环，没有办法停下来。所以很多失眠的人在焦虑的驱使下，会早早地躺下，很严肃认真地在床上等待睡意的降临，但其实躺的时间过长而后还是睡不着。

有人觉得睡眠可以被意识控制，他们要更努力去睡以减少睡眠的焦虑。但是当你这样做的时候，就违背了刚才我们讲的“只有让你的意识失去控制，失去接管，你才可以入睡”。你越想控制，你的意识越活跃，越没有办法入睡。所以过度的准备、过度的自我保护，很难绕过潜意识让你的身体放松。

除了药物、咖啡因等外界因素外，基本上90%的失眠都是因为我们自己的念头形成的。比如，在睡觉的时候努力控制大脑不要乱想；对大脑中进行的思维进行干涉：我不要再想了，我一定要睡了；等等。这种想要控制的想法也是个想法，头脑中的想法会越来越不受控制。很多人可能已经睡着了，但是会突然醒来，睡意全无，就是因为我们企图要用一种安全的方式干涉自己的念头，干涉自己的思绪。

有位失眠患者的情况是，晚上睡前会反复地上厕所，哪怕已经没有可排泄的了。如果坚持不去厕所就一直会有尿意而睡不着，但去了厕所以后很快又想去，因此失眠睡不着觉。这个坏习惯的缘起是年幼时妈妈的反复强调：睡觉前一定要上厕所，千万不要尿床。后来又在参加一个重要的赛事时被固化下来，去做心理咨询后还是如故。

所以失眠的人是很可怜的，他的头脑里面人山人海，锣鼓喧天，五彩斑斓，各种各样的想法、念头层层叠叠地套在一起，各种各样的场景、各种自我的对话暗示、对对话暗示的批评、对这种批评的后悔，全部都在。简而言之，头脑就像个喧闹的集市。

同时，失眠后，人对外界的因素就特别敏感，包括声音、光线，不能中途醒来上厕所，等等。这些都是念头带来的紧张和焦虑。当我们有了这些念头以后，会担心睡眠的质量，担心自己长期处在失眠的状态。

“我以后一直这样怎么办？”“我今天睡不好没有精力怎么办？”“我的效率降低了怎么办？”“那么痛苦怎么办？”“会不会永远都睡不着？”“我这个东西怎么能治好？”……一方面我们想要控制自己的念头却产生大量的念头；另一方面焦虑以及对失眠的过度重视又新生了大量的念头。所以，各种各样因素所产生的念头混合在一起，导致了我们的头脑根本没有办法安静下来，根本没有办法让意识放松，让潜意识接管你的头脑。

这里我们一定要明白前面提到的很重要的一个观点，那些念头并不是我能控制的，它是一个全自动的程序，像是一个全自动的泡泡机，不停地在产生泡泡。头脑只会创造念头，却没有办法消除念头。就像一支笔，它不停地在画画，你没有橡皮，擦不掉它。

印度的经典《薄伽梵歌》中提到一句话：要控制躁动不安的心简直比控制狂风还难。这里所说的躁动不安的心，就是我们的头脑，头脑里的这些念头。

但是处理它也是有办法的，最简单的就是你不要认同这个念头，不要去抓取它，不分析，不判断，不挽留。尤其是对于那些负向的念头，不抓取，不分析，不判断，不挽留。

举个例子，你在睡觉，脑袋里可能会想：我会不会失业？我会不会生重病？我老的时候会不会没有人理我？……以往我们会继续分析它，展开了一幅幅的画面，现在我们先不要去管它。

不需要去分析，尤其是负向的念头，你要明白，这只是头脑自动的一个程序，只要把这个念头扔掉就可以了。

现在，你可以明白冥想时的人在做什么，他们是进入一种空无的境界吗？不是，他们只是在看自己的念头，但不跟随。就像广场上放飞的一群和平鸽，鸽子飞上天，就像你的念头，脑海里到处都是，但是你不去分析它，不去抓取它，不跟随它，让它们飞来飞去。这就是冥想，这就是观照。

什么是强迫的念头?

很多时候我们会有负向的强迫念头，习惯性无意识产生的负向念头，都会让我们掉到过去的情绪的黑洞里面。比如有的时候你会自哀自怜，突然觉得对过去有很深的纠结——我怎么那么差，我怎么可能好起来，或者控制不住地去想那些可怕的事情：我虽然知道我要正面、要快乐，但我控制不住，我总是想到生病、想到灾难、想到分离、想到坏事情、想到我的孩子会不会发生什么可怕的事。

所以你要明白，念头是永远会产生的。比如说，有很多人站在高楼上，突然产生一个“我会跳下去”的念头，但是可怕的并不是要跳下去，而是他发现他产生了一个要“跳下去”的念头，他吓坏了，他觉得我怎么有那么可怕的想法？如果你突然间想到了一个很可怕的念头，你要明白一点，这些强迫的念头是全自动的，如果产生了一个黑色的泡泡，你只需要把这个泡泡戳破就行了，不需要去分析它。

任何时候你都可能产生各种各样稀奇古怪的想法，也许很荒诞，很令人恐惧，甚至很不道德，但是你要明白，这就是你的头脑，不是只有你会产生这样的想法，任何人都会不受控制地产生各种各样的念头和想法。你唯一需要做的就是不去跟随它。

我曾经遇到过一个个案，那是一个16岁的男孩子。他说："我遇到一点小的事情就会胡思乱想、失眠，脑子都快炸了，只要产生一个念头，我就控制不住地继续想，拿不定主意很纠结，天天都在想，强迫性地想。每天想得太多，非常苦恼。"

这是什么？这就是强迫的念头。他已经没有办法区分什么是念头，什么是自己了。产生了一个念头，他就打开这个念头，分析这个念头，追逐这个念头，陷在念头里面。

当你没办法区分什么是念头、什么是"我"的时候，你会将它们混淆，陷入强迫，因为你发现你永远没办法通过主观去控制念头。

念头是控制不住的。我在前面提到过，在几百万年前，我们的生存策略是给生物安上一个全自动的分析工具，无论你想不想分析，它都可以随机产生各种各样的想法。所以如果你有强迫的念头，就可以放松身心，告诉自己，原来这是那么久远的一种"机器"，原来每个人都是这样子，不是我有问题。

我还遇到过一个案例，他躺在床上，突然很焦虑，他说既然有人有强迫的思维，他会不会有强迫的失眠呢？比如我正舒舒服服地快睡着了，猛然就会发现自己快睡着了，于是就告诉自己会睡不着，然后他就崩溃了，开始失眠。这真的是一个很痛苦的人，他硬生生地把自己弄到睡不着，本来找回了久违的睡眠，突然被念头打扰，一下子就失去了。

你要知道头脑是多么的不可思议，当你的思维开始泛化的时候，你就没办法控制它。而当你没有办法分清念头和情绪的时候，各种各样的惊恐、焦虑就会升起，它们会促进新的念头不断延伸，不断泛化。这就是强迫思维，这就是强迫的念头，这就是失眠的原因。然后它会陷入一个死循环。

如何解决失眠？

首先有一个很重要的前提，我们必须要明白，第一，失眠是不会死人的。无论你是否能睡着，你都要告诉自己，失眠是不会死人的。有人失眠了一辈子都没问题，有些失眠的人，他在所有不该睡觉的场合都能睡着的。比如坐车的时候、开会的时候、上课的时候，他们都会抓紧时间打盹，所以失眠的人应该放松。因为当你真的精疲力竭的时候，或者到了任何不该睡觉的场合，失眠的人永远会很快睡着。

有些人在安静的家里做了一切的工作，喝热牛奶，热水泡脚，耳朵里塞了棉花，就是睡不着。但是当他坐在地铁上、坐在人声鼎沸的会议室里，一下子就睡过去了。为什么呢？在那个时候他的念头放松了。所以解决失眠的最好的方法，并不是要强迫或者控制自己的睡眠。

你没有办法控制自己睡觉，睡觉是由副交感神经系统来控制的，而不是由你的意识控制的。要允许自己失眠，不要添加多余的压力给自己，例如，告诉自己明天要上班、要开会、要保持精力充沛、我一定要睡着，等等。这样你反而给自己加了压力和强迫。潜意识里有一种天然的阻抗，失眠就是潜意识中的自我保护。

所以如果你想要睡着，怎么办？你不能执着于你的紧张焦虑，不要控制睡眠，这只会让你陷入失眠焦虑的死循环。大部分的失眠者已经跟失眠斗争了好多年了，所以你不能把睡觉当成一个需要挑战的任务。

我失眠的时候也非常痛苦，我用了各种各样的方法，吃安眠药都睡不着。跟失眠做斗争，每天都精疲力竭，最后还是睡不着。但是上课的时候我居然都睡得很好。这令我更加痛苦。

终于有一天，失眠把我折磨得已经精疲力竭，甚至失望到极点，我已经暗暗告诉自己：我这辈子是再也睡不着了。虽然我才 20 岁，但是我睡眠的功能已经崩溃了，已经坏了。所以那一天我跟自己说："我这辈子再也不要睡觉了，哪怕今天就'死'在床上，我也不要睡觉，我就睁着眼睛到天亮，我不睡了。"当我在床上这样自暴自弃地想的时候，很奇怪的事情发生了，那天我居然睡着了。那时我才第一次发现，原来人的潜意识是这个样子。

当你很想做到一件事情，你做不到，当你真的不想去做的时候，它却给你达成。我们的头脑就是这么狡猾。

我们在前面说过用间接反转法来反转信念和行为。失眠也可以使用这个方法，你一边敲打手刀点小肠经的位置，一边说："我无条件地接纳我自己，我哪怕继续失眠，哪怕每天睡不着觉也没有问题，我都可以接受。哪怕我有的时候会睡不好，生活依然可以很美好，每个人都有可能睡不着。我无条件地接纳我自己，爱我自己，无论我睡不睡得着，我无条件地接纳我自己，爱我自己，我也允许自己能够彻底地放松。"说完后，闭着眼睛做个深呼吸，让你自己尽可能地放松。

间接反转法的目的是让你放下"我一定要睡着"的企图，当你放下企图，剩下的事情是靠你的本能去接管的，这个很重要。

所以你要解决失眠，首先，你要明白，不睡觉不会死。

第二，不要挣扎，允许自己睡不着。然后，告诉自己：“我无条件地接纳我自己，哪怕我天天睡不着，都没有问题。因为没有人会因为睡不着就死了，哪怕失眠一直存在也没有关系。我无条件地接纳我自己，哪怕睡不着，我也可以允许自己是放松的。”

第二,一定要控制睡眠的时间，要给自己做睡眠限制。如果你每天早上是 6 点钟起床，晚上 11 点钟睡觉。无论你睡不睡得着，你都是 6 点钟起床，千万不要失眠了以后再靠后续时间补充回来，这其实并没有用。简而言之，就是到时间了就起，到时间了就睡。无论睡不睡得着，这个效果非常好，也最简单，因为它激发的是人的睡眠本能，确保生物钟的正常。

我们用间接反转法来处理睡觉这个念头带来的潜意识的阻抗，再用睡眠限制疗法，每天按时起、按时睡，你可以适当缩短睡眠的时间。不需要睡 8 个小时，7 小时、6 小时就够了。因为你要的是睡眠的质量，而不是睡眠的长度。有的人在睡眠时间短的时候，反而会睡得比较好。你也可以去试试，自己最适合什么样的睡眠方式。

还有一个方法，就是用一种强迫来替代另外一种强迫的方法。有一个很有意思的小故事，说的是一个人失眠了十多年了，找到一个治失眠的专家。专家告诉他：“你要根治失眠的话就必须要听我的，你愿不愿意听？”患者很高兴，他只要根治失眠，让他做什么都行。专家跟他说：“我有个包治好的方法，就是你必须要连续三天不睡觉，强迫你自己不能睡觉。”患者回去就照做了。第二天，患者找到专家。他告诉这个医生，自己失败了，这个患者说：“我昨天晚上喝了多少浓茶都不行，还是睡着了。”尽管这是个小段子，但它明确反映了信念所具备的动力和催眠的效应。

因此，很多重度失眠的人是因为有强迫的念头，大脑在不停地分析。同样的道理，我们可以制造一种新的强迫，让旧的念头止息。

我们可以用“数息法”来治疗失眠，数息法不是属羊。数息法的目的是让我们数息数数，时刻保持清醒，保持关注。在做这个练习之前，要有一种强迫，强迫自己一定要进入时时刻刻的清醒。

一般人数羊就是单纯的数数，从 1 数到 100，“数息法”则要求你每一刻都要确保自己非常地专注，不能够走神，不能够专注在那念头上。

“数息法”中，一呼一吸叫作一次。所以当你使用“数息法”，你只是注重出气，注重呼吸从鼻孔里出去的感觉，不需要去管呼吸的长短，也不需要去管是胸部还是腹部在呼吸。数息就是你每呼吸一次，就数一次，从 1 数到 10 后，再从 1 重新开始。

有的人数得非常认真，害怕自己数到一半就忘记了，其实没有关系，数忘了也不用去管它。如果你忘记了数到几，就从 1 重新开始。当你数到 3 的时候，突然产生“今天晚上睡觉会睡不好”的念头，那就从 1 再次开始。也就是说，每当你有个念头产生，你就从1开始再数一次。这就是数息。

什么是随息？简单地理解，随息就是随着呼吸，但是不数数，只是把你的专注放在呼吸上。

因此数息跟随息，跟随的气息，跟数数这个气息都是一样的，只是一个数数，一个不数数。它们都是把专注度放在呼吸上，去留意呼吸的进出。当你把所有专注都放在呼吸上的时候，你是没有办法去想别的念头的。

当你失眠睡不着的时候，就要明白，睡不着没关系，你把这个数数的过程当成禅修静心，它会帮助你恢复元气，哪怕你数息数一晚上也是可以的。

千万不要有成败得失心，你会发现，你好像数着数着，就突然忘记了头脑中的事情，突然就睡着了，那也是没有问题的。但是在数的时候你还是要强迫自己保持觉知，虽然有时候你越是强迫自己保持觉知，就越难保持，潜意识就是这么拧巴。

练习数息法和随息法，如果你利用这个方法不失眠了，那么恭喜你。如果你依旧失眠，也恭喜你，因为仍然失眠的人可以真正地体会到那种潜意识的对抗和冲突。当然，当你把失眠这件事解决掉以后，你会获得莫大的资源和力量。

曾经有一位学员，焦虑抑郁到需要吃药，最后开始失眠，又导致更严重的焦虑惊恐。

失眠引起恐惧，恐惧导致更加失眠，这是所有人失眠的通用模式。解决失眠的问题，首先你可以想象，你看见跟你一样无数失眠的人，睡眠已经是一个很普遍的现象，所以你的潜意识就会放松一点。

然后用间接反转法处理情绪的信念。你可以告诉自己说："如果今天晚上我失眠，没有问题，我无条件地接纳我自己，如果我每天都失眠也没有问题，因为我之前都失眠我都没死，所以接下来哪怕这个问题永远存在也是可以的，不需要去解决它，也可以没有问题。"但是，你必须要用间接反转的方法让潜意识放松，你必须无条件地认同这句话，潜意识才有可能放松。

当你真的觉得今天晚上睡不着也没问题的时候，你可以告诉自己："我曾经睡着过，所以我并不是那种天生睡不着觉的人。有可能今天不能做到百分百那么好，但我可以让自己在睡不着的时候尽可能舒服一点。"

这个时候，你的潜意识没有压力，虽然你只是迈出了很小的一步，但是慢慢地，失眠就可以得到改善。

第二十一章
我和无我的境界

我们清理情绪、转化情绪，都是基于一个目标，就是趋乐避苦。

为什么人类会有趋乐避苦的需求？为什么痛苦、不好的情绪对我们而言是需要除掉的东西？其实就是我们之前提到过的，人类是一套算法。

《未来简史》的作者尤瓦尔·赫拉利曾经说过，生物就是算法，生命就是进行算法的处理。不管是长颈鹿、番茄，或者是人类，都只是自然演化出来的不同数据的处理方式。

人类将环境参数作为输入的数据，经过认知能力的处理，输出感受和决策等数据，从而决定了我们的喜怒哀乐及行动。

我们为什么想要逃避痛苦？因为这个痛苦本来就是算法的一部分。

反过来讲，痛苦本身并不存在，是我们头脑里面的认知程序，经过一系列的计算，认为有痛苦，你就感觉痛苦，就想要逃避它。也就是说，头脑里所形成的痛苦其实并不是一个真实的东西。

有的人一想到攀岩、蹦极等极限运动就会觉得很可怕，下意识地逃避，但同时你会发现另外一批人，他竭尽全力地去找那些高难度的项目/活动挑战。我们的喜怒哀乐只是一种计算的结果，不只是情绪，我们所感知到的一切，认知的一切，都只是一种算法而已。

那么人类这一物种，是不是特别独特呢？我们是否超越了其他的生物呢？其实并不是这样。所有生物的喜怒哀乐，都有自己的计算规则。因此在《未来简史》中，尤瓦尔·赫拉利说，一个外界的算法，理论上可以对我们自己的了解超过我们自己。也就是说，这个外界的算法如果被开发到一定的程度，就可以取代人类。所以未来计算机更强大的算法，可能会让人类丢弃掉千百年来所追求的自由意志，把更多的事情交给机器来决定。

仔细想想，人类这套算法其实不先进。我们作为一种智人，在新年的第一天雄心勃勃，记下新一年自己的愿望、挑战、目标，过了两天，那个崭新的笔记本就被塞到了床底下，为什么？因为那些懒惰、那些短暂的多巴胺的刺激，那些原始的算法还在限制着我们。人类经过几千年的发展，算法的机制其实并没有过多更新。

在逻辑推理和某些认知研究领域，我们攻克各种各样的科研的难题，包括基因、医药、生物、宇宙、航天，等等，人们与时俱进地发展，但是面对情绪，人类的算法并没有很先进。

我们在处理情绪上，在与自我的相处上，在情感上，几千年来并没有太大的变化——还是被主要的情绪、欲望所控制着。

《生物中心主义》一书中第一个原理就是，我们感觉到的真实，其实只是和意识有关的一个过程。你听到声音，你觉得声音是世界上客观存在的，其实声音的本质并不是声音。

你明明听到了人在讲话，那这个声音是什么呢？声音只是一种振动，只是一种声波。我们敲钟，钟不会发声，但是钟会振动。当我讲话的时候，我的声带振动，但是振动只是振动而已，振动不会发出声音。声音是振动传达到了你的耳膜以后，经过计算的翻译和模拟。

所以声音在这个世界上并不是真实存在的，只有在这些带着耳朵的生物面前，它才是存在的。

不同的生物可以听到不同波段的声音，我们也只能听到一个频段。例如，蝙蝠就够接收更加细小的波长，雷达能听见其他频段的声音，它把它做了其他一种翻译。

如果这个世界上没有生物，那么一棵大树倒在了原始森林里，它是不可能发出声音的，它只能产生一个振动。我们想象一下，整个宇宙当中没有任何的生命，那么行星和行星的撞击也不会产生任何的声音，取而代之的是回荡在宇宙中的电磁波。

因此，当你打开电视机、打开收音机，看到、听到里面很好玩、很精彩的节目，你需要明白，这个声音只是存在于你的头脑里。如果没有你，没有我们这些人类，没有观察者，是没有声音这回事的。只是因为我们太习惯自己的这些感官，我们认为这就是真实。

我们的听觉系统对 20 赫兹到 2 万赫兹频率的声音是敏感的，无线电波的声音我们就听不见。如果我们的耳朵升级成可以听到从 0 赫兹到 20 万赫兹的声音，你会发现这个世界完全变样了，你甚至可以听见手机传输信号的声音。

同理，人类可以交流是因为我们的构造是一样的，我头脑里翻译的东西跟你头脑里翻译的东西是一样的。相反，我们和其他的动物交流起来就会困难许多，因此声音并不是一种客观的存在。

声音是一种感觉。那么颜色呢？我们看到墙面是白色的，衣服是红色的，树叶是绿色的，天是蓝色的。我们看见面前这个人，看见光，看见各种各样的物质……我们以为我们看见的颜色是真实存在的。其实，光和颜色，我们所看见的所有的一切，并不是一种客观的存在，也是一种主观的虚拟。

什么是颜色？我们去看一个杯子，看似我们是用眼睛看到了它，但这只是一种错觉。是光线照在了杯子上，把某一些波长的频率的光吸收了，把某一些频段的光反射了。

我们的视锥细胞计算了这些信号，并把它合成一种光的颜色。实际上，对面的这个杯子，对面的这个人，你所看到的彩色电视机所有的图案，本身是没有颜色的，它只是某一个频率，通过视锥细胞的翻译，赋予了它一种颜色。所以这个颜色只是存在于你的大脑里，并不存在于那个杯子上，也不存在于电视机里。因此颜色也并不是一种客观的存在。

我们在照镜子的时候，在镜子中会看见自己的样子，我们太熟悉这个场景，也在物理课里学习过这是光线反射产生的虚拟成像。但是什么是虚拟成像，其实就是在镜子对面根本没有图像，那你怎么会看见在镜子中有自己的图像呢？那是因为这是你的大脑合成出来的图像，是你的大脑“制造的”图像、制造的空间感，同样的，不在镜子中的所有的图像也都是你的大脑制造出来的，而非物质本身真实的样子。

所以，我们眼中的真实，只是存在于我们自己头脑当中的一种真实，并不是放之四海皆准的客观真实。

我们可见光的波长在400纳米～760纳米。也就是说，我们看上去像看到了整个世界，但其实只看见了很小的一部分。

举个例子，我们看不见飘浮在眼前的灰尘，看不见无处不在的空气；但你看不见它，并不代表它不存在，只是眼睛接收的精度不够高。

假设有一天我们的眼睛升级了，可以看见足够小的波段的东西，那会产生怎样的情况呢？你会发现当你每天推开门走出家门的时候，这个世界根本不是空空荡荡的，整个空间里飘满了原子，飘满了中子，飘满了各种各样的粒子。这些分子、原子在天空中横行，这个世界也不再是你现在看到的世界。

所以，我们眼里所有的一切，之所以呈现出现在这个样子，都只是因为你的算法局限了你。这就是我们的认知所带来的障碍。

其实，只要你的眼睛的分辨率精度足够高，到了电子显微镜以上级别，你会发现你看所有人都是分子、中子、原子等量子体的叠加。所以在这个世界上，我们所看到的一切的颜色也好、图案也好、形状也好，也都是在我们头脑里一种计算的结果，不是物体“本质”的样子。

那么什么是情绪呢？情绪其实比视觉、听觉、味觉、嗅觉更加“不靠谱”。情绪连外在存在的参照物都没有，它完全就是内在产生的。感觉和情绪是人体的一套接受系统，但它更像一套纯粹的算法系统，而且是一套不完美的算法。

因此听觉、视觉、味觉、嗅觉是内在头脑神经的模拟，感觉也是，触觉、痛觉也是，那不是真的。一根针扎在你的大腿上，你会痛，会流血，会尖叫。痛觉不是来自你的大腿，而是来自你的中枢神经传导了一个信号到你的头脑。下半身瘫痪的人，无法感知到腿的痛感，就是因为神经信号无法传达到大脑，头脑不会发出痛的感知。

我曾经看过一个节目，节目中一个人得了一种怪病——他没办法分清自己肢体的位置，所以走路的时候必须看着自己的脚。他用手去捏鸡蛋，感受不到鸡蛋，也就是说丢失了触觉。因为他的本体感觉中所有的神经电路都坏了，当他捏着鸡蛋，他必须用眼睛看着它才知道捏得重还是轻。当他体表的传感器不再能够传递这些信号时，他的大脑就没有这些信息，也就无法合成对外界的判断。

所以，我们对整个世界所有信息的感知，都只是一种非常不全面的合成和模拟而已。这个世界并不是我们想象的样子。

假设我们制造出一种机器人，它能够在任何星球上自由运转，那么如何让它快速建立一个帝国？最简单的方法就是让它拥有情绪，让它时刻觉得不满足，想要扩张，想要拥有更多，让它时刻没有安全感。

如何让它的竞争力变强？让它头脑里面充满了念头。一接收到信息就马上捕捉分析。拥有了这样的情绪后，这个“机器”就会不停地工作，不停地扩张，因为它自己的不安全感，它也想要获取更多。其实这就是我们人类，也就是我们情绪的来源。

刚出生的时候，我们并没有自己的意识，我们跟母体在一起，就仿佛是跟世界在一起。但是，当我们跟母亲分开了以后，我们需要不停地去“看见”母亲，否则我们会有很强烈的不安全感，这就需要我们大脑中的程序开始计算。

我们小时候都玩过变形金刚，通过组装，各种零件拼在一起组合成变形金刚。但你把这些零件重新拆开来看，那个变形金刚在哪里？它并不存在。只有把所有的东西都装起来，电池也装上去，它才会开始运动。所以，所有的算法合成以后，才形成了“我”。

很多人都做过梦，梦中的主体其实是百分之百真实的，因为你的大脑无法在梦中区分什么是幻象，什么是现实，你甚至可以在梦中回到过去，回到你某天考试的场景，甚至从几层楼跳下也毫发无损。

所以你发现了吗？你的头脑对所有信息都会进行处理，头脑百分之百认为这些信息是正确的。你可能也经历过在梦中不停找厕所的场景，我们的大脑非常忠诚，有怎样的信息产生，它就产生怎样的图像。

所以我们在梦中会经历各种各样奇幻的人生，各种各样的故事，各种记忆的倒错，你不会怀疑梦中的世界，哪怕你去怀疑它，你也会证明说这不是在做梦。

在梦中你有听觉，有感觉，有知觉，有欲望，有味觉……你在梦里面会吃东西，吃得很香或者很饱，情绪一样会在梦中升起。你会发现你在现实情况下经历所有的东西，在梦里都可以经历到。你在梦里可以看见、听见，可以感觉、触摸，可以生气，可以开心，可以快乐，可以有欲望。

无论这个信息是幻象还是真实，你的算法都会全力以赴地去处理产生的这种结果，产生的这些图像，产生的这样的情绪。

假设我们的记忆力足够强，那我们就没有办法区分什么时候在梦里，什么时候在现实。不少精神分裂症患者，幻听、幻视者痛苦的根源就在这里，他根本没有办法区分什么是真实什么是幻觉。“我到底是看见了一个人他追着嚷着说要杀我，还是在只是存在于我的头脑里？”对大脑来讲，这两者没有分别，大脑认为都是真实的。

所以“我”到底是什么？我并没有真正地存在，我只是一种不断的算法“合成”。就如同电脑的操作系统到底在哪里？就在电脑运行当中一个个程序的运转形成的合成功能。你在梦里可以合成那个荒诞的自己，你可以变成另一个性别，甚至变成其他生物，你仍然认为说那个就是“我”。你可以变成王公贵族，你仍然认为那个就是“我”。哪怕所有的荒诞的事情发生了，所有不可信的事情都发生了。但是在当时你的体验，你仍然百分之百地认为就是“我”。

当你明白，根本没有一个永恒不变的“我”以后，所有的问题都解决了。你明白了这个原理，就明白什么叫作“诸行无常”——一切生物生命体，包括所有的情绪、意识、念头都是无法停驻在一种永恒的状态下的，它永远在变化、生灭。

我们看见的东西，听到的东西，感知到的东西，不停地在变化，我们的情绪、念头不停在变化，无法恒定。就像树木在生长，在枯萎；像山川宇宙在流动，在变幻；像行星在形成，在毁灭。所有一切的一切，都是动态的。

所以，当我们能够用一种无常的概念去看我们自己的人生，看我们身边的人，你的痛苦会减少很多。因为很多痛苦都来自我们想要执着于一种常态——我们想让婚姻变成永久的幸福，我们想让孩子永远听话，我们想让自己永远健康，永远富有。

当我们想要固执于一种常态的时候，痛苦就产生了。我们内在的“我”也不是恒定的，它在不断地形成、变化。有不少人都迷恋“算命”，他们认为自己的命是注定的，其实你完全不需要固执于常态，因为你自己的“命”也在变化。

因此，当你发现人生中所有的快乐和痛苦都没有办法被持久地保存的时候，你的痛苦其实就放下了一大半，因为你不再执着于此。

我们也可以将其理解为，所有痛苦来源于执着，第一是执着于想要永久地拥有一种状态——害怕失去，害怕一些东西的到来，想要永久地保持在某种状态里。

第二，执着的背后是因为我们认为有一个实在的“我”，有一个恒定的自我，有一个实相的自己存在于这个世界上。

因为有了这个“我”，所以我要拥有，我害怕失去，我想要更好，我想要权力，我想要快乐……所以当这个“我”产生以后，就产生了执着，我们想要去保存、常态化一些东西，痛苦就随之产生。

这其实就是被称为“小我”的东西，而“小我”也时常在心灵成长中被理解为痛苦的源头。

在心灵成长中，许多“方法”其实并不是根本意义上的解决方法。它都是在“小我”的层次上寻求一个好的表现，或者尽可能多地趋乐避苦。但是为什么各种各样的心理学的流派、方法会起作用呢？因为它们通过改变了你头脑中的感官，改变了事件的意义，它们通过某种方法，使你能够相信。

心理咨询的各个流派和方法之所以能够起作用，背后大的原理就是没有一个实在的“我”的存在。也就是说，没有那个实在的我，也就没有真实的故事。既然没有真实的故事，所有背后的意义自然就可以被改写。

大部分人可以通过适合自己的心理咨询、心理治疗、心灵成长的技术和方法让自己过得更快乐，但是偶尔的痛苦始终是没有办法避免的。包括我们之前讲过的人生八苦，生老病死，等等，我们永远没有办法逃离这些东西，包括怨、憎、爱、别离……这些痛苦的最终根源都是对“小我”的执着。

当你有一天能够领悟和体会到，世上根本没有“我”这个概念，你丢掉了对“我”的抓取，你明白了所有的一切都只是生灭，都只是你头脑的一种幻象和感知的时候，情绪就再也无法掌控你了。

【功课：小我程序的分解】

1. 闭上眼睛躺下，想象你自己的身体是一台安装了操作系统的电脑。这台电脑中有各种各样的程序，有的程序负责情绪，有的程序负责念头……

2. 想象自己的右手处有个关机键，按下去后你就可以清空所有的程序，让自己恢复到关机的状态。

3. 想象自己按下关机按键，你现在可以彻底放空，短暂地停留在这个没有任何感知、没有任何念头升起的状态。

4. 如果又有新的念头升起，不要去分析它，再次按下关机键，再去体会一下自己的状态。

这个练习的目的是让我们尝试跟那个很执着的“我”产生一点点的分离。当我没有办法和“小我”拉开距离的时候，是很难从根本上清理掉痛苦的。

作者介绍：

卢熠翎

- 张德芬空间合伙人、CEO
- 中国心理卫生协会妇女健康与发展专业委员会委员
- SRI 自我整合体系创始人
- NLP 导师、系统排列导师、科学催眠师、心理咨询师
- 工学硕士、工商管理硕士

图书在版编目（CIP）数据

是谁触碰了你的情绪按钮：把好情绪留给最亲近的人／卢熠翎著．-- 北京：中国青年出版社，2021.4（2024.9重印）
ISBN 978-7-5153-6367-7

I. ①是… II. ①卢… III. ①情绪—自我控制—通俗读物 IV. ① B842.6-49

中国版本图书馆 CIP 数据核字 (2021) 第 066514 号

是谁触碰了你的情绪按钮：把好情绪留给最亲近的人

作　　者：卢熠翎
责任编辑：吕娜　王超群
插画作者：stano
书籍设计：瞿中华
出版发行：中国青年出版社
社　　址：北京市东城区东四十二条 21 号
网　　址：www.cyp.com.cn
经　　销：新华书店
印　　刷：三河市万龙印装有限公司
规　　格：787mm×1092mm 1/32
印　　张：11.5
字　　数：350 千字
版　　次：2021 年 6 月北京第 1 版
印　　次：2024 年 9 月河北第 4 次印刷
定　　价：79.00 元
如有印装质量问题，请凭购书发票与质检部联系调换
联系电话：010-57350337